Jana Ebinger
Katja Frey
Viviane Theby

Das richtige TIMING

bei der Bodenarbeit und beim Reiten

Müller Rüschlikon

IMPRESSUM

Einbandgestaltung: r2 | Ravenstein, Verden

Titelbild: Felix Knaack, www.felixknaack.com

Bildnachweis: Foto S. 7 unten rechts ist von Jessica Weber, alle übrigen Fotos stammen von Felix Knaack

ISBN 978-3-275-02091-1

Postfach 103743, 70032 Stuttgart
Ein Unternehmen der Paul Pietsch Verlage GmbH & Co. KG
Lizenznehmer der Bucheli Verlags AG, Baarerstr. 43, CH-6304 Zug

1. Auflage 2017

Sie finden uns im Internet unter www.mueller-rueschlikon-verlag.de

Lektorat: Claudia König
Innengestaltung: r2 | Ravenstein, Verden
Druck und Bindung: Graspo CZ, 76302 Zlin
Printed in Czech Republic

INHALT

BEVOR ES LOSGEHT

Wenn Sie an das Thema »Timing im Pferdetraining« denken, dann fallen Ihnen vielleicht zunächst Fragen ein wie: »Wann ist der perfekte Zeitpunkt für meine Trab-Hilfe?« Aber Timing betrifft wesentlich mehr Bereiche im Zusammensein mit unseren Pferden. Wie das richtige Timing unseren Alltag mit dem Pferd beeinflusst, möchten wir in diesem Kapitel zeigen. Und natürlich, an welchen Stellschrauben Sie drehen können, um harmonischer, aber auch effizienter mit Ihrem Pferd arbeiten zu können.

Woran man bei diesem Thema zum Beispiel spontan nicht denkt, sind die Rahmenbedingungen des Trainings. Und damit ist nicht nur der Ort gemeint, sondern auch die Stimmung von Pferd und Reiter, die Motivation, die Tageszeit etc. All das hat nämlich einen enormen Einfluss und gibt uns die Chance, mit wenig Aufwand unser Training und unsere Kommunikation mit dem Pferd zu verbessern. Oft merken wir das aber gar nicht oder eben erst, wenn das Kind schon in den Brunnen gefallen ist. Wer nach einem anstrengenden Zehn-Stunden-Bürotag zu seinem Pferd kommt, noch unter Spannung steht und dann schwierige Lektionen üben möchte, der hat schon von vornherein schlechte Karten. Eigentlich weiß das auch jeder. Eigentlich. In vielen Reitställen bekommt man allerdings den Eindruck, dass dies gerne in Vergessenheit gerät. Warum handeln Menschen trotzdem manchmal so? Weil sie in ihrem Stress nicht planen und beobachten, sondern einfach loslegen. Doch wer sich ein wenig Zeit nimmt und sich Gedanken über die Rahmenbedingungen seines Trainings macht, der kann sein Training und vor allem seine Beziehung zum Pferd nachhaltig verbessern. Auf Seite 19 finden Sie eine Checkliste mit allen Punkten, die wir in diesem ersten Kapitel behandeln. So können Sie immer mal wieder »spicken« und überprüfen, ob Sie in Ihrem Alltag mit dem Pferd alles im Blick haben.

Der richtige Zeitpunkt

Wir greifen einige Punkte auf, die für Sie und Ihr Pferd wichtig sein könnten. Ihnen fallen aber bestimmt noch mehr Punkte ein, die Einfluss auf Sie und Ihr Pferd haben. Alle Punkte sind zum einen für die aktuelle Trainingssituation wichtig, aber auch ganz allgemein. Sie sehen gleich bei den einzelnen Themen, was wir damit meinen.

Eule oder Lerche?

Genau wie bei uns Menschen gibt es auch unter den Pferden Frühaufsteher und Langschläfer. Manche Pferde sind morgens schon putzmunter und freuen sich, wenn ihr Reiter um halb sieben auftaucht und sie zum Reitunterricht abholt. Bei anderen Pferden kann man vor neun Uhr keinen Blumentopf gewinnen. Das Gleiche gilt für uns Menschen. Wer ein Morgenmuffel ist, der kommt einfach besser abends in den Stall

Wenn man dafür so freudig erwartet wird, dann lohnt es sich auch, seine Stallzeit der Lieblingszeit seines Pferdes anzupassen, oder?

oder belässt es bei einem Koppeltag für sein Pferd. Es ist gut, dies ganz allgemein zu wissen. Aber vor allem, wenn es um wichtige Ziele geht, dann tut man gut daran, dies zu beachten. Wenn die Hängerfahrt am frühen Morgen unumgänglich ist, dann sollte man wenigstens ausgeschlafen sein und das Verladen auch schon einmal zu einer ähnlichen Uhrzeit geübt haben. Hat man einen Morgenmuffel im Stall, kann man das durchaus auch für sein Training gezielt nutzen. Wenn Sie freies Stehen üben möchten, dann ist es durchaus von Vorteil, wenn das Pferd ein bisschen müde und träge ist.

Ein voller Bauch studiert nicht gern

Stimmt. Aber wer schon einmal versucht hat, mit knurrendem Magen eine knifflige Aufgabe zu lösen, der weiß, dass das auch keinen Spaß macht. Achten Sie also darauf, dass Ihr Pferd ein bisschen Gras oder Heu gefressen hat, bevor es ans Training geht. Allzu vollgefressen sollte es allerdings auch nicht sein. Insbesondere, wenn Sie mit Futterlob arbeiten möchten. Und oft ist man auch als Reiter schneller ungeduldig, wenn der eigene Blutzuckerspiegel sich gerade in den Keller verabschiedet.

Voll da?

Manchmal ist einfach der Wurm drin. Das Pferd glotzt durch die Gegend, erschreckt sich vor jedem Blatt oder ist total lustlos. Auch hier heißt es wieder gut beobachten und die Motivation des Pferdes einschätzen. Erst wenn Sie ein Gefühl für die Lage haben, können Sie sich überlegen, was genau Sie heute üben möchten oder wie Sie generell mit Ihrem Pferd umgehen. Wenn Sie eine kleine Schnappschildkröte als Pferd haben und dieses einen schlechten Tag hat und nach allem schnappt, was sich bewegt, ist Bodenarbeit vielleicht keine so gute Idee. Dann sind Sie vielleicht besser beraten, wenn Sie einen netten Ausritt machen oder eine am Boden schon bekannte Lektion von oben weiter ausbauen. Wer flexibel mit der Stimmung seines Pferdes (und natürlich auch den eigenen Launen) umgeht, der geht Fehlschlägen gekonnt aus dem Weg. Und das ist kein bisschen bequem oder feige – es ist wesentlich schlauer, den Problemen und Herausforderungen, vor die uns unsere Pferde eben manchmal stellen, ausgeruht, mit guter Stimmung und entsprechend vorbereitet zu begegnen. Als Grundregel kann man sagen, dass ein guter Zeitpunkt für eine neue oder schwierige Lektion ist, wenn Ihr Pferd ausgeglichen und motiviert ist. Ist Ihr Pferd im Moment hingegen eher abgelenkt und unmotiviert oder sogar richtig schlecht gelaunt, dann sollten Sie auf jeden Fall Ihre Erwartungen herunterschrauben bzw. besser bekannte Übungen festigen. Das gilt selbstverständlich auch für Tage, an denen Sie selbst mit dem falschen

Wenn eine Lektion auch bei großer Ablenkung gut funktioniert, hat Ihr Pferd ein dickes Lob verdient

Fuß aufgestanden sind. Unsere Pferde zeigen ja meist wirklich viel Verständnis, aber man sollte den Bogen auch nicht überspannen.

Der passende Trainingsort

Die direkte Trainingsumgebung macht sehr viel aus. Sie hat Auswirkungen auf die Stimmung und die Konzentrationsfähigkeit. Außerdem sind viele Lektionen, die Ihr Pferd kennt, mit bestimmten Orten verknüpft. Das merken Sie zum Beispiel daran, dass eine Lektion in der Reithalle gut klappt, die Ausführung auf dem Reitplatz aber, freundlich ausgedrückt, von zufriedenstellend

Zuschauer beim Reiten sind nicht jedermanns Sache

noch weit entfernt ist. Das ist normal und zeigt uns einfach ganz deutlich, dass die Umgebung ziemlich ablenken kann. Außerdem zeigt es, dass der Ort immer mit verknüpft wird, wenn ein Pferd eine neue Aufgabe lernt. Das müssen wir beim Training beachten, wenn wir schon wissen, dass wir das, was wir dem Pferd beibringen möchten, künftig nicht immer nur an genau diesem Ort von ihm verlangen werden.
Es gilt also: Neue Lektionen an gewohnten Orten beibringen, bereits bekannte Lektionen kann man festigen, indem man sie an verschiedenen Orten abfragt.

Zuletzt sollten auch Sie als Reiter sich die Frage stellen, in welcher Umgebung Sie sich wohlfühlen und entspannt sind. Wenn Sie sich beobachtet fühlen, wenn mehrere Miteinsteller am Reitplatzrand stehen, dann sollten Sie in so einer Situation lieber Dinge üben, die schon gut klappen und bei denen Sie ein sicheres Gefühl haben.

Mit verschiedenen Umweltreizen kann man selbstverständlich schon sehr junge Pferde vertraut machen

Heiter bis wolkig

Auch das Wetter sollten Sie beachten – und im besten Fall für sich nutzen: Wird Ihr Pferd bei stürmischem Wetter gerne mal etwas flotter? Wunderbar. Üben Sie Lektionen, die ein bisschen mehr »Go« benötigen!

Zu alt? Zu jung?

Die Frage, wann ein Pferd zu jung oder zu alt fürs Training ist, lässt sich nicht pauschal beantworten. In jedem Fall gibt es hier zwei Maßstäbe, mit denen Sie messen können. Zum einen die körperliche Reife bzw. Fitness des Pferdes.

Insbesondere, wenn Sie selbst wenig Erfahrung haben, empfiehlt es sich hierbei, den Tierarzt einzubeziehen. Bei Jungpferden kann er einen Check durchführen, ähnlich einer kleinen Ankaufsuntersuchung. So können Körperbau und Muskulatur des Pferdes überprüft werden, außerdem der Zustand und die zu erwartende Belastbarkeit von Sehnen und Gelenken. Für das Anreiten ist es schließlich wichtig, dass das Pferd keine Vorerkrankungen hat, die durch Belastung verschlimmert werden könnten, wie zum Beispiel

Lernt Ihr Pferd schon als Fohlen andere Tiere kennen, wird es sich auch später als Reitpferd kaum von einem über den Reitplatz rennenden Hund aus der Fassung bringen lassen

Gelenk-Chips. Grundsätzlich muss bei Jungpferden das Skelett ausgereift und eine Grundmuskulatur vorhanden sein. In der Regel schließen sich die Wachstumsfugen an Oberarm und -schenkel mit drei Jahren. Wobei es hier rassebedingt Unterschiede gibt. Führt man sich diese Dinge vor Augen, ist der Einsatz von Dreijährigen auf einem Turnier durchaus kritisch zu sehen. Gerade bei älteren Pferden ist es oft sehr unterschiedlich, bis zu welchem Alter sie als Reitpferd nutzbar sind. Viele können bis ins hohe Alter noch leicht geritten werden. Ob der Oldie noch mit zum Wanderritt oder aufs Vereinsturnier kann, das

Auch ältere Pferde freuen sich über Zuwendung und Training – eben angepasst an das, was sie körperlich noch leisten können

Ältere Reitanfänger sieht man selten – schade eigentlich …

… schließlich kann man in jedem Alter viel Spaß miteinander haben

muss letztlich jeder für sich und sein Tier entscheiden. Solange beide Spaß daran haben und das Pferd der Belastung körperlich noch gewachsen ist, spricht selbstverständlich nichts dagegen. Die andere Seite der Medaille ist – insbesondere bei Jungpferden – der psychische Zustand des Pferdes. Doch wenn man das Anreiten sehr behutsam und mit anstatt gegen das Pferd gestaltet, dann steht auch einem frühen Training nichts entgegen. Man sollte aber, auch wenn man weitestgehend ohne Druck und Strafe arbeitet, immer darauf achten, das Pferd nicht zu überfordern. Hier ist es Gold wert, einen guten und erfahrenen Trainer an der Seite zu haben.

Unter Druck?

Was uns im Pferdetraining immer wieder begegnet, ist das Thema Zeitdruck. Ein bisschen Druck hilft dem Training zwar gelegentlich durchaus, weil es uns zwingt, Aufgaben anzugehen. Wer beispielsweise nicht zum Turnier will oder sein Pferd aktuell auch nicht in die Klinik bringen muss, der drückt sich nämlich allzu oft ums regelmäßige und koordinierte Hängertraining. Wird der (Zeit-) Druck jedoch zu groß, dann behindert er das Training. Bei vielen Reitern ist dann auch buchstäblich Schluss mit lustig. Dass es dem Pferd gegenüber nicht fair ist, wenn es unsere schlechte Planung ausbaden darf, müssen wir Ihnen nicht sagen. Aber manchmal geht es natürlich auch wirklich nicht anders und wir haben keinen

Ein genervtes und gestresstes Pferd beim Verladen lässt sich durch gute Vorarbeit recht zuverlässig vermeiden

Einfluss auf einen anstehenden Termin. Wie auch immer: Gibt es einen fixen Zeitpunkt, zu dem Ihr Pferd ein bestimmtes Verhalten beherrschen muss, dann sollten Sie die Zeit bis dahin gezielt nutzen und einen guten Trainingsplan aufstellen (siehe S. 16f). Das kann Hufegeben für den Schmied sein, Stillhalten beim Spritzen durch den Tierarzt oder Hängerfahren fürs Turnier.
Merken Sie zu Beginn des Trainings schon, dass Sie vielleicht ein bisschen zu optimistisch waren, dann prüfen Sie, ob Sie den Termin verschieben oder ob Sie sich Hilfe fürs Training holen können. Geht beides nicht, dann überlegen Sie sich rechtzeitig, wie Sie mit der Situation umgehen werden. Drücken Sie sich nicht um diese Entscheidung, und versuchen Sie, die Lage möglichst objektiv einzuschätzen. Denn: Muss Ihr Pferd zum Beispiel am Tag X mit viel Druck in den Hänger »befördert« werden, weil schlicht nicht genug Zeit zum Üben blieb und es nicht freiwillig in den Hänger geht, dann sollten Sie sich rechtzeitig überlegen, ob Sie das auch können (zu viel Mitgefühl hilft Ihrem Pferd in einer solchen Situation leider nicht). Wenn nicht, dann suchen Sie sich hierfür Hilfe. Es macht dann auf jeden Fall keinen Sinn, zu lange herumzudoktern und ggf. sogar Ihren bisher erarbeiteten Trainingsstand zu ruinieren.

Gutes Timing bedeutet auch, zu wissen, wann die richtige Zeit für Arbeit ist und wann für Spaß

Die Mischung macht's

Für Ihr Training allgemein sollten Sie auf Abwechslung achten, was allerdings nicht heißt, dass das Pferd jeden Tag ein anderes Trainingsprogramm geboten bekommt. Langweilig wird einem Pferd – vorausgesetzt das Training ist strukturiert und motivierend – so schnell nicht. Das ist eher unser Problem als Reiter. Es geht also darum, das Pferd ausreichend zu gymnastizieren und nicht zu überlasten.
Wird Ihr Pferd von mehreren Reitern bewegt und versorgt, dann ist es wichtig, sich abzusprechen.

Lassen Sie Ihrem Pferd Zeit, während es verschiedene Untergründe kennenlernt

Check-Up

Beim Punkt »Unter Druck« (Seite 12) haben wir es schon angerissen: Die Planung und realistische Betrachtung dessen, was das Pferd schon kann – oder eben auch (noch) nicht, hilft Ihnen, einzuschätzen, woran Sie mit Ihrem Pferd arbeiten müssen. Um hier ein bisschen mehr Fleisch an die Knochen zu bekommen, zeigen wir Ihnen, wie so ein kleiner Check-Up fürs Hängerverladen aussehen kann:

Dann wird es sie vertrauensvoll mit Ihnen überqueren

- Kann Ihr Pferd schon verschiedene Engpässe passieren? Auch wenn die »Wände« Geräusche machen oder sich bewegen?
- Betritt Ihr Pferd auch ungewohnten Untergrund ohne zu zögern?
- Kann es auch eine kleine Rampe meistern? Auch wenn diese sich seltsam anfühlt unter den Hufen?
- Wie steht es mit der Hilfe fürs Antreten im Schritt? Geht Ihr Pferd ohne Zögern los, wenn Sie es auffordern?
- Kann es alleine stehenbleiben, wenn es angebunden ist?
- Kann es einige Schritte geradeaus rückwärts gehen? Auch auf Signal? Wie ist das Signal dafür und passt es zum Ablauf beim Ausladen vom Hänger? (Wenn Sie beispielsweise erst unter der vorderen Stange hindurchtauchen müssen, bevor Ihr Pferd rückwärtsgehen kann, dann müssen Sie auch das beim Training berücksichtigen.)
- Kennt es viele verschiedene (auch unangenehme und laute) Geräusche?

Ein großes Stück Karton ist eine schöne Übungsfläche

Kombinieren Sie die Aufgaben, wenn sie einzeln gelingen

Da das Ein- und Ausladen oft nur ein Teil des Problems ist, sollten Sie auch immer das Fahren selbst üben. Insbesondere weil es hier besonders schwierig ist, abzuchecken, welche Auslöser auf der Fahrt dazu führen, dass das Pferd nicht mehr freiwillig im Hänger steht. Es kann Ihnen unterwegs ja nicht durch spontanes Aussteigen signalisieren, dass das Maß voll ist. Daher ist es hier unerlässlich, die Strecken und auch das Anhalten und Anfahren, Kurven, vorbeifahrende Motorräder und LKW etc. nach und nach zu steigern. Teilweise kann man dies natürlich auch unter kontrollierten Bedingungen üben, wenn man beispielsweise einen Bekannten mit einem Motorrad oder einem Traktor hat. Das klingt aufwändig, ist es auch, aber für viele Pferde ist es die einzige Chance, sie dauerhaft »hängerfit« zu bekommen.

Je nach Aufgabe können die einzelnen Schritte systematisch aufeinander aufbauen oder auch in der Reihenfolge flexibel sein. In unserem Hängerbeispiel könnten Sie auch zuerst das gerade Rückwärtsrichten üben oder die Geräusch-Desensibilisierung. Aber immer

Um das Pferd mit der Hängelampe vertraut zu machen, brauchen Sie zunächst noch keinen Pferdehänger

Werden Sie kreativ, um Ihr Pferd an verschiedene Geräusche zu gewöhnen

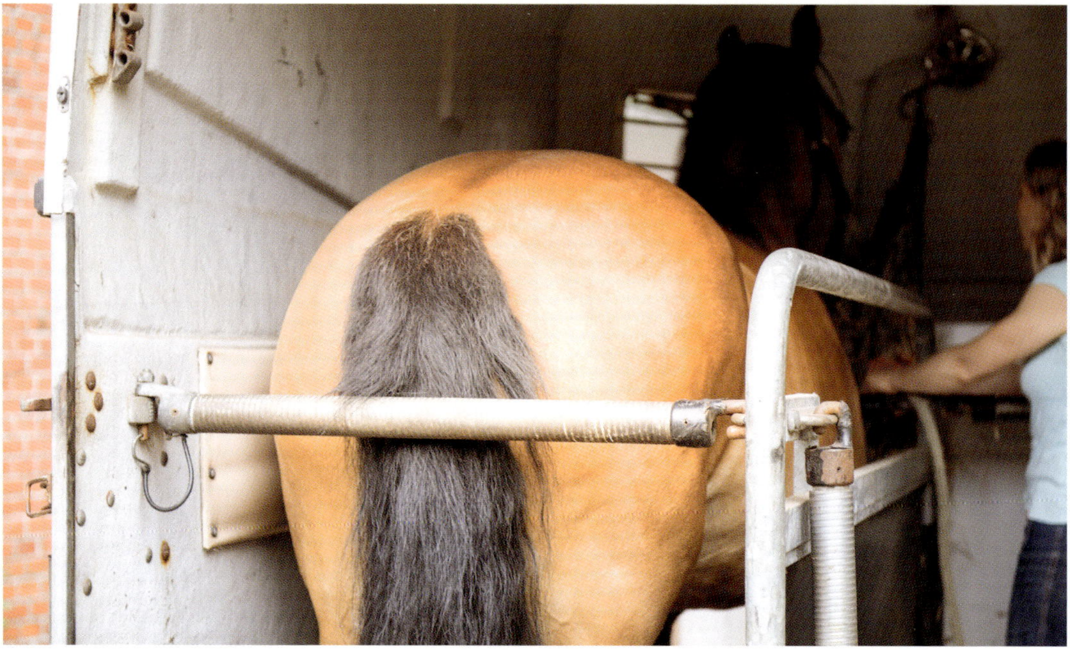

Gute Vorbereitung ist alles: Mit dem richtigen Trainingsplan schaffen Sie es auch, schwierige Pferde zu verladen

müssen Sie abprüfen, welche Dinge das Pferd können muss und an welcher Stelle Sie aktuell stehen!

Trainingspläne

Beim Check-Up haben Sie sich vermutlich schon Gedanken gemacht, welche Schritte für das gewünschte Verhalten nötig sind und auch, wo Sie im Moment stehen. Das ist die Grundlage für einen detaillierten Trainingsplan. Das hört sich erstmal ganz schön kompliziert und anstrengend an. Vor allem, wenn Sie bisher vielleicht einfach zu Ihrem Pferd in den Stall gegangen sind und direkt mit dem Training angefangen haben. Aber glauben Sie uns: Mit einem guten Plan steigen Ihre Chancen deutlich, am Ende das zu erreichen, was Sie sich wünschen. Gerade, wenn es um ein Verhalten geht wie das Verladen, bei dem es auf Details ankommt. Wenn Sie irgendeinen Zirkustrick üben, ist es Ihnen vielleicht egal, ob Ihr Pferd beim »Ja-Sagen« ein oder zweimal mit dem Kopf nickt, das tut dem Trick keinen Abbruch. Beim Verladen wäre es aber doch ganz schön, wenn Ihr Pferd weit genug in den Hänger geht und da auch verlässlich stehen bleibt, wenn Sie die Stange schließen möchten. Ein nicht exaktes Verhalten hilft Ihnen hier überhaupt nicht.

Damit Sie sich unter einem Trainingsplan etwas vorstellen können, zeigen wir Ihnen auf den nächsten Seiten einen Beispiel-Trainingsplan für das Engpasstraining in Vorbereitung aufs Verladen.

Wählen Sie den Engpass für den ersten Durchgang so eng, dass Ihr Pferd noch entspannt ist und nicht zögert

Lassen Sie Ihrem Pferd immer Zeit, sich alles in Ruhe anzuschauen, und loben Sie es für seinen Mut

1	Engpass aus festem Material (z.B. Transportboxen wie auf dem Foto oben links zu sehen)	Abstand ca. 2 Meter	Mensch geht vor
2	Engpass aus festem Material	Abstand ca. 2 Meter	Mensch geht neben dem Pferd in Führposition
3	Engpass aus festem Material	Abstand ca. 2 Meter	Pferd wird vorgeschickt und meistert den Engpass allein (evtl. Helfer benötigt)
4	Schritt 3 wiederholen und dabei den Abstand der beiden Wände im Engpass kontinuierlich verringern bis es so eng ist wie im Pferdehänger, vielleicht sogar noch ein klein wenig enger – wie schnell Sie vorangehen können, sagt Ihnen Ihr Pferd: zögert es plötzlich, dann waren Sie zu optimistisch und sollten den Abstand wieder etwas vergrößern.		
5	Engpass aus flexiblem Material auf einer Seite (z.B. eine Seite Hauswand, die andere ein großes gespanntes Stück Stoff über einem Hindernisständer o.Ä.)	Abstand ca. 2 Meter	Mensch geht vor

6	Engpass aus flexiblem Material auf einer Seite	Abstand ca. 2 Meter	Mensch geht neben dem Pferd in Führposition
7	Engpass aus flexiblem Material auf einer Seite	Abstand ca. 2 Meter	Pferd wird vorgeschickt und meistert den Engpass allein (evtl. Helfer benötigt)
8	Schritt 7, wie Sie es bei Schritt 4 schon gemacht haben, wiederholen und dabei den Abstand der beiden Wände im Engpass kontinuierlich verringern.		
9	Je nach Pferd können Sie nun weiter üben mit zwei flexiblen Wänden, raschelnden Materialien etc. Das Praktische am Engpasstraining: Sie brauchen keinen Pferdehänger und üben gleich für viele andere Situationen im Gelände, in denen es auch mal eng und fürs Pferd unangenehm werden kann.		

Gut vorbereitet geht das Pferd nach wenigen Wiederholungen auch durch einen recht engen Gang aus Plastikplanen

Checkliste

Der richtige Zeitpunkt

- Passt die Uhrzeit für Sie und Ihr Pferd zu dem, was Sie geplant haben?
- Ist Ihr Pferd satt, aber nicht so vollgefressen, dass es erst eine Verdauungspause bräuchte?
- Wie ist die Stimmung Ihres Pferdes? Ist es konzentriert und bei der Sache? Wie steht es mit Ihnen? Können Sie sich ganz auf Ihr Pferd fokussieren oder schwirren Ihnen tausend andere Sachen durch den Kopf?

Der passende Trainingsort

- Sind Sie und Ihr Pferd am Trainingsort entspannt? Wenn nicht, sollten Sie den Ort wechseln oder die Anspannung zumindest beim Training berücksichtigen.

Heiter bis wolkig

- Auf viele Pferde hat das Wetter einen Einfluss. Wenn Sie keine Halle zur Verfügung haben, macht es Sinn, die Witterung aktiv fürs Training zu nutzen.

Zu alt? Zu jung?

- Haben Sie ein sehr junges oder ein sehr altes Pferd, sollten Sie immer überlegen, ob das gewählte Trainingsziel angemessen ist.

Unter Druck?

- Sind Sie unter Zeitdruck im Training? Sorgen Sie dafür, dass Ihr Pferd nicht darunter leiden muss. Eine gute Planung ist hier die halbe Miete.

Die Mischung macht's

- Ist Ihr Trainingsprogramm für Ihr Pferd spannend und abwechslungsreich? Wird es motiviert und nicht überlastet?

Check-Up

- Haben Sie sich überlegt, wo Sie im Training gerade stehen? Was Ihr Pferd schon kann und woran Sie noch arbeiten müssen um Ihr Trainingsziel zu erreichen?

Trainingspläne

- Haben Sie sich einen Trainingsplan geschrieben?

Konsequenz und Konsequenzen

Im ersten Kapitel haben wir uns den Rahmenbedingungen gewidmet, Trainingspläne und Vorbereitungen fürs tägliche Training besprochen. Nun gehen wir ein wenig tiefer, denn in diesem Kapitel wird es darum gehen, wie unsere Pferde lernen. Was das mit Timing zu tun hat? Es ist sozusagen die Basis für faires Training und eine gute Beziehung. Wenn Sie wissen, wie Lernen funktioniert, können Sie die verschiedenen Trainingsmethoden, die es auf dem »Markt« gibt, klar unterscheiden und richtig anwenden.

Die Natur hat Tiere bestens dafür ausgerüstet, in ihrer Umgebung zu überleben. Sie sind ausgestattet mit ererbten Verhaltensweisen, den sogenannten Instinkten. Damit hat die Evolution den Tieren eine Basis-Ausstattung an Verhalten mitgegeben. Instinktive Reaktionen schützen Tiere vor Gefahren, helfen ihnen, Futter zu finden und sich fortzupflanzen. Pferde beispielsweise fliehen instinktiv bei plötzlichen lauten Geräuschen und schnellen Objekten hinter oder über ihnen. Stuten ziehen sich zur Geburt an einen sicheren Ort zurück und Hengste kämpfen um eine Herde. Ein Fohlen »weiß« instinktiv, dass es nach der Geburt aufstehen muss und dass es unter dem Bauch der Mutter die Milchquelle finden wird.

Viele Dinge weiß ein Fohlen instinktiv, anderes muss es erst lernen

All dies sind generelle Verhaltensmuster, die ein Pferd kennen muss, um zu überleben und sich fortzupflanzen. Deswegen ist es sehr sinnvoll von der Natur, diese Verhaltensweisen über den Instinkt zu vererben.

Die Instinkte alleine wären allerdings zu unpräzise, um möglichst optimal auf aktuelle Situationen reagieren zu können. So weiß das Fohlen zwar ungefähr, wo die Milchquelle zu finden ist, anfangs sucht es allerdings noch häufig zwischen den Vorderbeinen. Es muss erst lernen, dass das Euter zwischen den Hinterbeinen sitzt. Ein junger Hengst kämpft instinktiv gegen seinen Rivalen und lernt, wer schwächer und stärker als er selbst ist und welchen Konkurrenten er deswegen besser in Ruhe lassen sollte. Ein Fohlen weiß instinktiv, dass es Gras fressen kann. Welche Gräser allerdings schmackhaft sind und welche bitter schmecken, muss es erst lernen.

Deswegen sind Tiere (und auch wir Menschen) mit einer Art »intelligenten Software« ausgestattet: dem Lernen. Durch das Lernen können Tiere nicht nur auf ihre aktuelle Situation reagieren und sich etwas merken, diese Reaktion kann sich auch wieder ändern, wenn die Situation sich ändert. Sie haben also die Fähigkeit, Erfahrungen und ihre Konsequenzen zu speichern und ihr Verhalten entsprechend anzupassen. Daher wird das Tier immer das Verhalten zeigen, das es durch die Konsequenzen auf dieses Verhalten in den letzten Versuchen gelernt hat.
Wenn das Fohlen mit seiner Nase zwischen den Vorderbeinen der Mutter gesucht hat und damit nicht zum ersehnten Erfolg kam, es allerdings zwischen den Hinterbeinen seinen Hunger stillen konnte, wird es in Zukunft mehr und mehr zwischen den Hinterbeinen der Stute suchen. Denn Lernen funktioniert durch Konsequenzen.

Belohnung und Bestrafung

In der Sprache der Lerntheorie (wir beziehen uns in diesem Buch auf die behavioristische Lerntheorie) heißen die Konsequenzen auf ein Verhalten Belohnung und Bestrafung. Eine Belohnung führt dazu, dass das vorangegangene Verhalten häufiger gezeigt wird. Das Fohlen wird für das Suchen zwischen den Hinterbeinen belohnt, da es dort seine Milch findet und sie trinken kann.
Eine Bestrafung führt dazu, dass das vorangegangene Verhalten seltener gezeigt wird. Stößt das Fohlen beim Toben auf der Koppel gegen den Stromzaum und bekommt einen elektrischen Schlag, wird es in Zukunft darauf achten, den Zaun nicht mehr zu berühren.

Positiv und negativ oder »plus und minus«

Lassen Sie uns die ganze Sache noch genauer anschauen: In der Lerntheorie der Psychologie unterscheidet man zwei verschiedene Formen der Strafe und zwei verschiedene Formen der Belohnung. Es gibt eine sogenannte positive und negative Verstärkung und eine positive und negative Strafe. Die Wörter »positiv« und »negativ« beziehen sich dabei weder darauf, dass es besser oder schlechter wäre, sie anzuwenden. Noch beziehen sie sich darauf, dass sich das Pferd dabei besser oder schlechter fühlt. »Positiv« und »negativ« werden hier im mathematischen Sinn angewendet. Bei einer positiven Verstärkung wird etwas Angenehmes hinzugefügt (+),

bei einer negativen Verstärkung etwas unangenehmes weggenommen (–). Die Begriffe positive und negative Verstärkung werden in der Literatur manchmal auch als andere Bezeichnung für Belohnung und Bestrafung benutzt, was zu Verwirrungen führen kann, hier in diesem Buch verwenden wir sie wie oben beschrieben.
Bei einer positiven Strafe wird dementsprechend etwas Unangenehmes hinzugefügt, bei einer negativen Strafe etwas Angenehmes weggenommen.
Hat das Fohlen das Euter gefunden, ist das Trinken der Milch eine positive Verstärkung für das Fohlen, da etwas Angenehmes (die Milch) hinzugefügt wird.
Das Suchen an der richtigen Stelle wird belohnt. Es wird in Zukunft häufiger dort suchen.
Schlägt ein Pferd mit dem Schweif nach einer Bremse, die daraufhin wegfliegt, wird das Pferd negativ belohnt, da etwas Unangenehmes (Bremse) weggenommen wird. Das Verhalten des Schweifschlagens wird belohnt, es wird in Zukunft häufiger mit dem Schweif schlagen, wenn eine Bremse an dieser Stelle sitzt.
Kneift das Fohlen beim Trinken etwas zu fest in das Euter, kann es sein, dass die Stute das Fohlen

Wer sich geschickt anstellt, umgeht die Strafe durch den Stromzaun und ergattert als Belohnung leckeres Gras von der anderen Seite des Zauns

in den Po beißt. Das ist eine positive Strafe für das feste Kneifen, da etwas Unangenehmes (der Biss in den Po) hinzugefügt wird. Das Fohlen wird in Zukunft seltener in das Euter kneifen. Wenn die Stute nach dem Kneifen einen Schritt zur Seite macht und das Fohlen deswegen nicht mehr weiter trinken kann, ist das eine negative Strafe. Etwas Angenehmes (die Milch) wird weggenommen. Auch hier wird das Fohlen in Zukunft seltener kneifen.
An diesen Beispielen können Sie sehen, dass alle vier Formen der Konsequenzen für Pferde (und für alle anderen Tiere inklusive uns Menschen) völlig normal und alltäglich sind und sie durch jede dieser Konsequenzen ihr künftiges Verhalten anpassen können.

Die vier Konsequenz-Formen und die zugehörigen Emotionen

Was ist nun noch wichtig für Sie zu wissen? Jede dieser vier Konsequenz-Formen löst ein anderes Gefühl beim Tier aus. Sie können dies leicht überprüfen, indem Sie das bei sich selbst testen. Stellen Sie sich vor, dass Ihr Verhalten positiv oder negativ verstärkt oder positiv oder negativ bestraft wird.
Wenn Sie von jemandem gelobt werden oder 100 Euro bekommen, weil Sie etwas gut gemacht haben, werden Sie sich freuen. Zur positiven Verstärkung gehört also das Gefühl der Freude. Wenn Sie Ihr durchgehendes Pferd durch einen Zug am Zügel stoppen können, sind Sie vermutlich erleichtert. Zur negativen Verstärkung gehört also das Gefühl der Erleichterung. Wenn Sie mehrfach von einem Pferd gefallen sind, weil es zum Scheuen neigt und Sie sich dabei weh getan haben, werden Sie womöglich Angst haben, das Pferd zu reiten.

Eine positive Strafe löst also Angst aus. Wenn Sie gerade eine erfolgreiche Trainingssession mit Ihrem Pferd in der Halle haben und dann müssen Sie aufhören, obwohl Sie gerne weitermachen würden, weil für den Springunterricht in der Halle aufgebaut wird, sind Sie wahrscheinlich frustriert. Zur negativen Strafe gehört also das Gefühl der Frustration. Man kann davon ausgehen, dass sich das für unsere Pferde gleich anfühlt. Wie stark die jeweiligen Gefühle sind, hängt sicherlich auch vom Ausmaß der gewählten Konsequenz ab. Je stärker die positive Strafe, desto stärker die Angst. Je hochwertiger die positive Verstärkung, umso größer die Freude. Je unangenehmer die Zwangslage, in der man sich befand, bevor diese aufgelöst wurde, desto größer die Erleichterung. Je mehr man sich das ersehnt hat, was man durch die negative Bestrafung nicht bekommt, desto größer die Frustration.

Was schätzen Sie, wie groß die Zeitspanne maximal sein darf, damit Ihr Pferd sein Verhalten noch mit der darauffolgenden Konsequenz verknüpft?

- ○ 0,5 bis 2 Sekunden
- ○ 2 bis 10 Sekunden
- ○ 1 bis 5 Minuten
- ○ 0,5 bis 1 Stunde

(Auflösung auf Seite 26)

	Etwas kommt hinzu ⊕	Etwas wird weggenommen ⊖
Verhalten wird mehr	**Positive Verstärkung** Etwas Angenehmes kommt hinzu, z. B. Futter Methode, die das häufig nutzt: Clickertraining Emotion: Freude 	**Negative Verstärkung** Etwas Unangehmes wird weggenommen, z. B. eine Fliege Methode, die das häufig nutzt: Natural Horsemanship Emotion: Erleichterung 
Verhalten wird weniger	**Positive Strafe** Etwas Unangenehmes kommt hinzu, z. B. das Touchieren mit der Gerte. Methode, die das häufig nutzt: konventionelles Reiten Emotion: Angst 	**Negative Strafe** Etwas Angenehmes wird weggenommen, z. B. wenn die Stute weggeht, wenn das Fohlen ins Euter kneift. Manchmal genutzt beim Clickertraining Emotion: Frustration 

Möchte man mit seinem Pferd oder Pony einen solchen Slalom trainieren, ist Präzision im Training gefragt

Beim Erlernen einer Übung wie dem Beinekreuzen ist es wichtig, dass man möglichst schnell belohnt

Der zeitliche Zusammenhang

Je präziser der zeitliche Zusammenhang zwischen dem Verhalten und Ihrer Reaktion, desto leichter machen Sie Ihrem Pferd das Lernen. Je genauer und schneller Sie dabei sind, desto höher ist der Informationsgehalt für Ihr Pferd.

Damit Ihr Pferd optimal lernt, ist es nötig, dass Ihre Reaktion auf seine Handlung möglichst schnell erfolgt (Antwort 1 ist also richtig!). Je schneller Sie sind, desto leichter machen Sie es Ihrem Pferd. Stellen Sie sich vor, jemand würde versuchen, Ihnen etwas beizubringen. Sie probieren alles Mögliche aus, nach zehn Minuten bekommen Sie von Ihrem »Trainer« zehn Euro in die Hand gedrückt. Wüssten Sie nun, was Sie machen müssen um nochmals zehn Euro zu bekommen? Vermutlich nicht. Stellen Sie sich nun vor, Ihr »Trainer« würde Ihnen jedes Mal **sofort**, wenn Sie das richtige Verhalten ausprobieren, einen geben. Meinen Sie, nach zehn Minuten wüssten Sie, was Sie tun müssen, um an Ihre Belohnung zu kommen?

Genauso geht es Ihrem Pferd. Je schneller und präziser es eine Rückmeldung bekommt, desto schneller und leichter wird das Lernen. Das gilt sowohl beim Belohnen als auch beim Bestrafen. Hiebe mit der Gerte nach einem misslungenen Spring-Parcours haben für ein Pferd genauso wenig Informationsgehalt darüber, was es falsch gemacht hat, wie das Kilo Möhren in der Krippe nach einem gelungenen Turnierstart darüber, was es richtig gemacht hat.

Welche Trainingsmethode liegt Ihnen?

Beim Training Ihres Pferdes haben Sie daher die Wahl, welche der möglichen Konsequenzen Sie nutzen möchten und können abwägen. Einige Ausbildungs-Systeme bauen in weiten Teilen auf einer der vier Lernformen auf. Beim Natural Horsemanship wird beispielsweise Druck aufgebaut und bei der gewünschten Reaktion des Pferdes dieser Druck wieder nachgelassen. Hierbei wird also vor allem mit negativer

Übung:

Spiele aus dem Handel:

Auch im Spielwarenladen oder im Internet können Sie fündig werden, wenn Sie Geschwindigkeit und Reaktionsvermögen verbessern möchten! Unsere Empfehlungen sind selbstverständlich nicht vollständig, wir entdecken immer mal wieder neue geeignete Spiele.
Gut geeignet sind zum Beispiel diese Kartenspiele:

Dobble: Auf verschiedenen Karten sollen gleiche Symbole erkannt, benannt und darauf reagiert werden. Ein prima Spiel um Beobachten zu üben und seine Reaktionsfähigkeit und die Gehirn-Sprache-Hand-Koordination zu verbessern.

Triple^3:
Bei diesem Spiel müssen Sie jeweils drei gleiche Eigenschaften eines Symbols erkennen und ergänzen. Geschult werden Beobachtung und schnelle Reaktionen darauf.

Jungle Speed: Aus ähnlichen Symbolkarten müssen gleiche erkannt und darauf reagiert werden. Jungle Speed schult die Beobachtungsgabe und das Reaktionsvermögen.

Selbstverständlich gibt es auch zahlreiche Computerspiele, mit denen Sie Ihr Timing verbessern können.

Belohnung gearbeitet. Beim Clickertraining bekommen die Pferde für ein richtiges Verhalten ein Leckerchen, hier wird also positive Verstärkung eingesetzt. In der herkömmlichen Pferdeausbildung wird meist mit einer Mischung aus positiver Strafe und negativer Belohnung gearbeitet. Der Einsatz der Gerte oder der Sporen ist eine positive Strafe, das Nachlassen des Zügelzugs bei der gewünschten Reaktion des Pferdes ist eine negative Verstärkung.

Was wichtig zu wissen ist: Mit jeder Trainingsmethode ist ein zuverlässiges und sicheres Verhalten herstellbar!

Wie schon gesagt, in der natürlichen Umwelt des Pferdes taucht jede dieser verschiedenen Konsequenz-Formen auf. Häufig wird von Befürwortern der Arbeit über negative Verstärkung argumentiert, dass die Pferde sich auch nicht gegenseitig mit Futter belohnen, sondern ihre Kommunikation über Bedrohung, Treten und Beißen stattfindet. Damit wird auch gerechtfertigt, positive Strafe in der Ausbildung anzuwenden. Das klingt stets ein bisschen, als würde ein Pferd eine positive Strafe besser »verstehen« als eine positive Verstärkung und als wäre sie deswegen pferdegerechter oder natürlicher. »Verstehen« oder Lernen kann allerdings jedes Tier, selbst eine Amöbe oder eine Ameise durch jede der besprochenen Konsequenzen. Wie Sie inzwischen sicherlich gemerkt haben, findet Lernen ja nicht nur durch die Interaktion zwischen Pferd und Mensch oder zwischen zwei Pferden, sondern in jeder Sekunde des Lebens statt. Das Fressen des Grases ist die Belohnung für das Wandern zu einem leckeren Fleckchen Koppel und das Senken des Kopfes. Das Kraftfutter ist die Belohnung für das Betreten des Futterautomaten.

Die Freiheit ist die Belohnung für das Herumspielen am Koppeltor, bis sich dieses öffnet. Und selbst unter Pferden wird belohnt: das Kraulen des Weide-Kumpanen an der Mähne wird belohnt durch das Gekraultwerden der eigene Mähne. Das Wegwedeln der Fliegen am Kopf des Pferdefreundes wird belohnt durch das Wedeln des Schweifes des anderen Pferdes. Das Spielen des jungen Pferdes wird belohnt durch das Mitspielen seiner Kollegen. Dies sind alles Beispiele für positive Verstärkung, für negative Verstärkung lassen sich ebenso leicht Beispiele aus dem Pferdealltag finden: Das Platzmachen eines rangniedrigen Pferdes an der Heuraufe, nachdem das ranghohe Pferd durch Anlegen der Ohren gedroht hat, wird belohnt, indem sich das ranghohe Pferd ohne weitere Aggressionen daneben stellt. Das Zappeln bei einem Festliegen in der Box wird belohnt, indem das Pferd dadurch weit genug von der Wand abrückt, um wieder aufstehen zu können. Diese Liste ließe sich unendlich lang fortsetzen, und wenn Sie erst einmal ein Auge dafür bekommen haben, werden Ihnen täglich mehrere Situationen auffallen, in denen Ihr Pferd durch die Umwelt positiv oder negativ belohnt wird. Genauso gibt es natürlich Situationen, in denen das Verhalten Ihres Pferdes positiv oder negativ bestraft wird, sei es durch die Umwelt oder andere Pferde.

Lernen durch positive Bestärkung: Dieser Wallach hat gelernt, dass im engen Futterautomaten eine Portion Hafer auf ihn wartet

Trotzdem ist bei der Wahl der Ausbildungsmethode (hier meinen wir nun Ausbildungssysteme, die einen Schwerpunkt auf einer der vier Lernformen haben) einiges zu berücksichtigen:

Krault das Pferd seinem Koppelpartner das Fell, darf es recht sicher darauf hoffen, auch selbst gekrault zu werden

Beim Natural Horsemanship lässt man den Druck immer sofort nach, wenn das Pferd weicht. Dafür braucht es viel Übung und ein gutes Gespür

Womit kenne ich mich gut aus?

Sicherlich ist es erst einmal einfacher, mit einer Methode zu arbeiten, die man schon beherrscht. Hat man ein Problem, das man schnell lösen möchte, ist es vermutlich nicht sinnvoll, dies mit einer Methode zu lösen, mit der man noch unerfahren ist. Die Vorteile liegen auf der Hand: Man muss sich nicht umstellen, man kann sehr schnell reagieren, ohne nachdenken zu müssen, und hat schon allein deswegen ein gutes Timing. Andererseits kann es sehr spannend sein, sich mit anderen Trainingsmethoden zu beschäftigen und so sein Repertoire zu erweitern. Gerade für professionell arbeitende Pferdetrainer oder Reitlehrer kann es sehr interessant sein, sich sehr gut mit vielen Methoden auszukennen, um allen möglichen Pferd-Mensch-Teams mit ihren unterschiedlichen Voraussetzungen und Problemstellungen optimal helfen zu können. Zudem weiß man vor allem dann bei einem Trainingssystem gut Bescheid, wenn man sich mit ihm beschäftigt und es selbst ausprobiert hat. Bleiben Sie dabei fair! Vergleichen Sie nicht die Ergebnisse einer Methode, mit der Sie sich schon gut auskennen, mit denen einer Methode, bei der Sie noch Anfänger sind. Und vergleichen Sie auch beispielsweise nicht »gut gemachtes« Clickertraining mit »schlecht gemachtem« Natural Horsemanship oder umgekehrt! Tatsächlich muss man sich, um schöne Erfolge zu haben, mit jeder Methode intensiv beschäftigen und sie beherrschen. Und jede hat, wie schon erwähnt, ihre Vor- und Nachteile, die für jedes Pferd-Mensch-Team unterschiedlich viel Gewicht haben können.

Was kennt das Pferd bisher?

Auch hier gilt es Bescheid zu wissen und genau zu beobachten. Wurde mit Ihrem Pferd bisher viel über Druck gearbeitet, kann es sein, dass es Ihnen bei der Ausbildung mit positiver Verstärkung erst einmal nicht so viele Verhalten anbietet, wie ein erfahrenes Clicker-Pferd. Wurde Ihr Pferd bisher mit positiver Verstärkung ausgebildet, kennt es womöglich das Anheben der Peitsche oder das Schlenkern des Seiles nicht als Bedrohung und wird nicht reagieren. Geben Sie sich und Ihrem Pferd ausreichend Zeit, mit den neuen Ideen vertraut zu werden und sie mit in ihr gemeinsames Repertoire aufzunehmen.

Bekomme ich Unterstützung durch einen Ausbilder, der sich mit der Methode auskennt?

Eine ganz pragmatische Frage, die es zu klären gilt, ist, ob einem ein erfahrener Ausbilder zur Verfügung steht. Zumindest wenn man sich in der Praxis unterstützen lassen möchte, braucht man einen Ausbilder, der bereit ist, zu einem auf den Hof zu fahren. Damit ist man in manchen Gegenden schon deutlich eingeschränkt, was die Wahl der Ausbildungsmethode angeht. Gleichzeitig ist es zum Glück ja heute über Videos, DVDs und Onlinekurse auch möglich, viele Methoden kennenzulernen und sich neue Ideen zu holen.

Wie viel Druck hält mein Pferd körperlich und psychisch aus?

Geht mein Pferd gegen Druck, oder weicht es ihm schnell? Möchte man eine Ausbildung über Aufbau und Nachlassen von Druck wählen, ist es sinnvoll, sich vorher Gedanken zu machen, wie das eigene Pferd mit Druck umgeht. Da Pferde Fluchttiere sind, reicht es bei vielen aus, relativ wenig Druck aufzubauen, damit sie darauf reagieren. Bestenfalls kommt das Pferd nicht unter starken Stress, und kann gut mitdenken. Einige Pferde reagieren allerdings schon auf leichten Druck mit Stress oder mit Gegendruck. In beiden Fällen erfordert das Training dann mehr Erfahrung und Fingerspitzengefühl, damit das Pferd mitdenken und mitarbeiten kann. Für solche Pferde ist womöglich eine andere Trainingsmethode besser geeignet.

Lässt sich mein Pferd gut über Futter motivieren?

Die meisten Pferde lassen sich sehr gut über Futter motivieren, ohne dass sie vorher deswegen hungern müssten. Ist das Grundfutter über Gras und Heu gedeckt, arbeiten sie trotzdem gerne und motiviert für Karotten oder Kraftfutter. Auch Pferde, die aus gesundheitlichen Gründen keine Karotten oder Leckerchen fressen dürfen, kann man häufig mit Heucobs, kleingeschnittenem Gras, Sellerie oder ähnlichem trainieren. Es gibt hin und wieder Pferde, die sich kaum für Futter interessieren. Meistens liegt es allerdings daran, dass sie während des Trainings Stress haben. Bei starkem Stress fressen Pferde nicht mehr.
Scheint Ihr Pferd desinteressiert, gilt es genau zu prüfen, ob der Trainingsort oder die Umgebung geeignet ist oder was sonst der Stressauslöser beim Pferd sein könnte. Zunächst gilt es, diesen Stressauslöser abzustellen. Dann gibt es noch Pferde, die scheinbar »zu sehr« an Futter interessiert sind. Auch hier gilt das gleiche wie bei der Arbeit mit Druck: Für diese Tiere braucht es einen erfahrenen Trainer mit sehr gutem Timing und Wissen über die Lerntheorie. Ein Pferd wird nur dann zum »Bettelmonster«, wenn das Betteln versehentlich belohnt wird. Wenn ihm von Anfang an klargemacht wird, dass dieses Verhalten nicht zum Erfolg führt, wird es

Futter ist ein großer Motivator für die meisten Pferde

Auch ein Pferd, das regelmäßig mit Futter belohnt wird, kann lernen, höflich zu warten

damit schnell aufhören. Wie man das trainiert, erklären wir in Kapitel 3. Auch bei diesem Thema möchten wir Sie ermuntern, genau hinzuschauen und fair zu sein! Arbeit mit Druck muss nicht grob sein, und der Einsatz von Leckerchen führt nicht automatisch zu »Futter-Geiern«! In beiden Fällen fehlt es jeweils am nötigen Know-how, Timing und Erfahrung.

Bin ich bereit und habe ich genug Erfahrung und Wissen, um positive Strafe korrekt anzuwenden?

Eine Warnung allerdings vorab: Dieser Abschnitt könnte eventuell Ihre Ansicht über die Ausbildung von Pferden auf den Kopf stellen! Möchten Sie mit positiver Strafe (Gerte und Sporen) ausbilden, sollten Sie kritisch hinterfragen, ob Sie die Regeln kennen und beherrschen, die nötig sind, um Strafe richtig anzuwenden. Gerade die positive Strafe erfordert ein sehr gutes Timing, um Ihr Pferd nicht versehentlich für etwas zu bestrafen, was Sie eigentlich gar nicht meinten. Wenn Sie Ihr Pferd mit der Gerte maßregeln, **nachdem** es gebockt hat, bestrafen Sie es eigentlich dafür, dass es mit dem Bocken aufgehört hat.

Wenn Sie Ihr Pferd beim Verlade-Training weiter mit der Gerte touchieren, obwohl es gerade in den Hänger hineingeht, bestrafen Sie das Hineingehen. Sinnvoller wäre es, mit dem Touchieren auszusetzen, wenn es sich vorwärts bewegt, und damit wieder einzusetzen, wenn es stehen bleibt. Hierfür braucht es Übung und Geschicklichkeit. Natürlich haben Sie bei positiver Verstärkung eventuell das gleiche Problem, wenn das Timing nicht stimmt. Das Pferd wird auch nicht so schnell lernen, dass es in den Hänger gehen soll, wie mit gutem Timing. Wenn Sie allerdings mit Strafe gearbeitet haben, haben Sie Ihrem Pferd zu Unrecht Angst gemacht und ihm Schmerzen zugefügt. Haben Sie mit Futter gearbeitet, hat Ihr Pferd schlimmstenfalls zu Unrecht ein paar Leckerchen gefressen!

Jetzt wird vielleicht der ein oder andere argumentieren, dass durch das Touchieren mit der Gerte keine schlimmen Schmerzen oder Angst ausgelöst werden.

Eine weitere Regel des positiven Strafens ist allerdings, dass man möglichst **jedes** Mal eine **ausreichend starke** Strafe einsetzen sollte, um das Verhalten in Zukunft zu verhindern. Wird das Verhalten durch die angewandte Strafe nicht weniger, dann handelt es sich per Definition nicht um eine Strafe für das Pferd. Wer also zu schwach touchiert, wird auf lange Sicht häufiger strafen müssen, bis er das gewünschte Verhalten erreicht. In Summe muss man letztlich sogar mehr strafen, wenn man nicht gleich stark genug straft.

Man sollte sich also besser vorher überlegen, ob man dazu bereit ist. Andernfalls verschlimmert man sein Problem evtl. sogar. Die letzte Regel zum Thema Strafe bezieht sich auf den Zeitpunkt der Strafe:

Optimal ist es, das unerwünschte Verhalten schon **beim ersten Mal** ausreichend stark zu bestrafen. Das heißt im Umkehrschluss, dass der Trainer wieder viel Erfahrung und sehr schnelle Reaktionen haben muss, um gleich beim ersten Mal das unerwünschte Verhalten zu erkennen und angemessen darauf zu reagieren. Alle diese Regeln gelten sicherlich auch für das Training mit positiver Verstärkung, negativer Strafe und negativer Verstärkung. Nur hat Ihr Pferd dabei, wenn es »schief geht«, einfach etwas weniger Freude, oder Freude an der falschen Stelle, etwas weniger Erleichterung oder etwas mehr Frust. Bei Fehlern in der Arbeit mit positiver Strafe hat Ihr Pferd mehr Angst und mehr Schmerz als nötig!

Unabhängig davon gibt es noch ein weiteres Argument gegen Strafe. Ein Pferd, dessen Verhalten bestraft wird, weiß danach zwar, welches Verhalten es nicht mehr zeigen sollte, es weiß aber noch lange nicht, welches Verhalten es stattdessen zeigen sollte. Möchte man ein unliebsames Verhalten also abtrainieren, so ist Strafe durchaus eine erfolgversprechende Möglichkeit. Möchten Sie allerdings ein neues Verhalten aufbauen und nutzen als Konsequenz die Strafe, so wird es sehr schwierig für Ihr Pferd werden, herauszufinden, welches Verhalten Sie sich von ihm wünschen. Das ist ein wenig, als würden Sie das Kinderspiel Topfschlagen nur mit »kalt« spielen, dann müssten Sie auch lange herumprobieren, um herauszufinden, in welche Richtung es zum »heißen« Ziel geht!

Welche Emotionen möchte ich bei meinem Pferd im Training haben?

Hier wird es richtig spannend! Wie Sie zu Beginn des Kapitels (ab Seite 24f) erfahren haben, sind die verschiedenen Konsequenzen mit unterschiedlichen Emotionen verknüpft.

Diese Emotionen gehören zwangsläufig zu den verschiedenen Trainingsmethoden, daran können Sie nichts ändern. Worauf Sie Einfluss nehmen können, ist die Stärke der Emotion: Es liegt in Ihrer Hand, ob Ihr Pferd durch den Einsatz von positiver Strafe ein bisschen oder viel Angst hat, ob Ihr Pferd bei einer negativen Belohnung ein bisschen oder sehr erleichtert ist, ob Ihr Pferd mehr oder weniger frustriert ist, oder ob Ihr Pferd sich mehr oder weniger über eine positive Verstärkung freut. Und dies führt direkt zur nächsten Frage:

Was für ein Verhältnis möchte ich zwischen meinem Pferd und mir?

Die Gefühle, die bei Ihrem Pferd durch das Training ausgelöst werden, werden mit Ihnen als Trainer verknüpft. Möchte Sie eher ein freundschaftliches und partnerschaftliches Verhältnis mit Ihrem Pferd, ist es sinnvoll, eine Trainingsmethode zu wählen, bei der die Emotion Freude

Ein freier Galopp über die Wiese – davon träumen viele: Wie Sie ein solches Ziel erreichen, ist dabei unabhängig von der Trainingsmethode

im Vordergrund steht. Wählen Sie eine Trainingsmethode, bei der die dahinterliegende Emotion Angst ist, wird in Ihrer Beziehung in einem gewissen Rahmen die Furcht beteiligt sein. Und ebenso verhält es sich mit den beiden anderen Emotionen Frust und Erleichterung und deren Einfluss auf Ihre Beziehung zum Pferd.

Was gefällt mir und meinem Pferd gut?

Das ist sicherlich eine spannende Frage. Für sich selbst können Sie in sich Hineinhorchen und herausfinden, was Ihnen gefällt und was Sie mögen. Für Ihr Pferd können Sie nur Vermutungen anstellen oder es ausprobieren. Es ist demzufolge Ihre Aufgabe, für Ihr Pferd mitzuentscheiden, da das Pferd nicht die Wahl hat.

Übung:

»Topfschlagen-Feeling«:
Schnappen Sie sich ein paar Stallkollegen oder Familienmitglieder und probieren Sie es selbst aus:
Ein Teilnehmer soll eine Aufgabe lösen wie z. B. »Zum Lichtschalter gehen und Licht anmachen«. Bei einem Durchgang rufen alle »super, prima, toll!«, wenn die Richtung stimmt. Beim nächsten Durchgang mit einer anderen Aufgabe bekommt der Testläufer als einziges Feedback der Gruppe Kommentare wie »falsch, buuuh, nein!«, wenn er eine falsche Richtung einschlägt. Achten Sie dabei auf das Gefühl, das in Ihnen entsteht, wenn Sie selbst derjenige sind, der die Aufgabe lösen soll in Abhängigkeit davon, welches Feedback Sie bekommen.

Was macht ein Verhalten zuverlässig?

Wie schon erwähnt, kann man mit jeder Trainings-Methode und jeder der vier möglichen Konsequenzen ein zuverlässiges und sicheres Verhalten trainieren.
Denn die **Zuverlässigkeit und Sicherheit** eines Verhaltens hängen **nicht** von der gewählten **Art der Konsequenz** ab. Lernen Sie hier, fein zu unterscheiden!
Ob ein Verhalten verlässlich gezeigt wird, hängt davon ab, wie häufig und vor allem wie zuverlässig eine Konsequenz auf das Verhalten erfolgt. Es hängt nicht davon ab, welche Art der Konsequenz erfolgt! Lassen Sie uns dies an einem Beispiel anschauen: Nehmen wir wieder das Fohlen, das beim Milchtrinken etwas zu feste ins Euter kneift. Ob und wie schnell das Fohlen das nicht mehr tut, hängt davon ab, wie konsequent die Stute auf das Kneifen reagiert. Wenn die Stute jedes Mal, wenn das Fohlen kneift, zur Seite geht, wird das Fohlen sehr schnell und zuverlässig lernen, nicht mehr zu kneifen. Genauso schnell und zuverlässig wird ihr Youngster das lernen, wenn sie ihn dafür jedes Mal in den Po zwickt. Entscheidend ist, dass auf das Kneifen immer eine Konsequenz folgt, die das Fohlen vermeiden möchte. Ob es sich dabei um eine positive oder negative Strafe handelt, ist nicht so entscheidend. Stellen Sie sich vor, die Mutterstute würde nur auf jedes vierte oder fünfte Kneifen reagieren.
Dann würde es erheblich länger dauern, bis ihr Nachwuchs lernen würde, das Kneifen sein zu lassen. In der Lerntheorie nennt man dies die Stärke einer Verknüpfung. Je stärker die Verknüpfung von Verhalten zu Konsequenz, umso zuverlässiger wird das Verhalten. Für Sie selbst gilt wie immer das gleiche: Würden Sie immer, wenn Sie falsch parken, einen Strafzettel über 100 Euro bekommen, würden Sie sicherlich sehr schnell und zuverlässig nicht mehr falsch parken! Genauso zuverlässig aber würden Sie nicht mehr falsch parken, wenn man Ihnen für jedes richtige Parken 100 Euro geben würde. Schauen wir uns dies noch an einem anderen Beispiel an: Eine Möglichkeit Ihrem Pferd beizubringen, beim Führen immer neben Ihnen anzuhalten, ist es mit der Gerte zu touchieren, wenn es weitergehen möchte (positive Strafe). Über positive Verstärkung trainieren Sie das Anhalten, indem Sie Ihrem Pferd ein Leckerchen geben, wenn es neben Ihnen stehenbleibt. In beiden Fällen wird Ihr Pferd lernen, neben Ihnen stehen zu bleiben, wenn Sie anhalten. Ob es dies auch zuverlässig tut, hängt vor allem davon ab, ob Sie konsequent darin sind, die entsprechende Reaktion auf das Verhalten des Pferdes folgen zu lassen. Das heißt, dass Ihre Reaktion **jedes** Mal erfolgen muss. Da im Deutschen für beides das Wort Konsequenz genutzt wird, kann dies in Diskussionen zu Missverständnissen führen. Häufig wird die **Art** der Konsequenz als Auslöser für die Zuverlässigkeit des Verhaltens verantwortlich gemacht. Zudem schwingt bei dem Wort »konsequent« mit, dass die Reaktion energisch, resolut und entschieden sein muss, was scheinbar nur über Strafe zu erreichen ist. Sie wissen nun Bescheid, dass es für ein **verlässliches** Verhalten aber vor allem auf die **Zuverlässigkeit** der Reaktion des Trainers ankommt!

Lernen findet ständig statt

Da auf jedes Verhalten eines Tieres eine Konsequenz folgt, lernen Tiere ständig. Daraus ergibt sich eine wichtige Erkenntnis für das Training

Ihres Pferdes: Ihr Pferd lernt auch außerhalb der von Ihnen geplanten Trainings-Einheit!
Wenn Sie also beispielsweise in einer Clicker-Session darauf achten, dass Ihr Pferd höflich wartet, bevor es das Leckerchen bekommt, es aber beim Putzen von Ihnen gestreichelt wird, wenn es Sie mit der Nase anstupst, lernt es beim Putzen, dass es doch nicht »höflich« sein muss, um sein Ziel zu erreichen.

Die intermittierende Belohnung

Ebenso wichtig ist es zu wissen, dass es noch eine weitere Dimension eines Verhaltens gibt. Das konsequente Belohnen eines Verhaltens macht es stark, möchte man das Verhalten auch über lange Zeit erhalten, ohne es immer belohnen zu müssen, braucht man es löschungsresistent. Das bedeutet, dass das Tier weiterhin das gewünschte Verhalten zeigt, auch wenn man nicht immer dafür belohnt. Dies erreicht man, indem man intermittierend belohnt. Intermittierend bedeutet, dass man mal belohnt, mal nicht belohnt. So ist es für das Tier nicht vorhersehbar, ob es etwas bekommen wird oder nicht. Es wird zunehmend länger probieren, ob es nicht doch möglich ist, an die Belohnung zu kommen.
Dies ist einerseits die Lösung, nicht immer Leckerchen dabei haben zu müssen, wenn man mit seinem Pferd unterwegs ist. Andererseits ist es wichtig, diesen Effekt zu kennen, wenn es darum geht, ein unerwünschtes Verhalten weg zu trainieren. Ignorieren Sie beispielsweise Ihr Pferd, wenn es am Anbinder scharrt, wird es auf Dauer lernen, nicht mehr zu scharren. Wenn Sie nun aber versehentlich oder aus Unaufmerksamkeit doch ab und zu in dem Moment, in dem es scharrt, zu ihm zurückkommen oder es

Belohnen Sie Ihr Pferd regelmäßig fürs Anhalten, wird es dies auch zuverlässig tun, wenn Sie es dazu auffordern

ansprechen, verstärken Sie dieses Verhalten intermittierend. In Zukunft wird Ihr Pferd noch ausdauernder Scharren, auch wenn Sie nun wieder achtsamer sind. Das heißt, dass Ihr ganzes schönes vorheriges Training dann »für die Katz« war. Mit dem Wissen um diesen Effekt können Sie in Zukunft darauf achten, dass Sie unerwünschtes Verhalten auf keinen Fall intermittierend verstärken. Auch hier braucht es (auch dann, wenn man nicht mit Strafe arbeitet) Konsequenz und gutes Timing!

Einführung ins **Clickertraining**

Sie wissen nun schon ziemlich genau Bescheid, wie Pferde lernen und welchen Einfluss wir darauf nehmen können. Uns liegt die positive Verstärkung besonders am Herzen, weshalb wir an dieser Stelle gerne etwas mehr in die Tiefe gehen und Ihnen ein paar Praxistipps an die Hand geben möchten, wie Sie ins Clickertraining einsteigen können. Möchten Sie noch mehr zu diesem Thema wissen, gibt es mittlerweile einige Bücher zum Clickertraining mit Pferden am Markt.

Haben Sie sich dazu entschlossen, die positive Verstärkung für Ihr Training aktiv zu nutzen, dann gilt es ein paar wichtige Dinge zu beachten, die wir Ihnen in diesem Kapitel gerne vermitteln möchten. Aber zunächst einmal zum Clicker: Noch ist dieses äußerst praktische Trainingsinstrument nicht allen Reitern bekannt. In die meisten Hundeschulen hat der Clicker bereits Einzug gehalten, in Reitschulen hingegen ist er noch selten zu sehen. Doch worum handelt es sich bei einem Clicker überhaupt, und wie nützt er Ihnen beim Training Ihres Pferdes? Der Clicker ist nichts weiter als ein Knackfrosch, wie ihn viele noch aus Kindertagen kennen. Und der Clicker allein hilft Ihnen zunächsteinmal auch noch nicht weiter. Die »Magie« des Clickers ergibt sich aus der Paarung mit einer Belohnung und – Sie ahnen es schon – dem richtigen Timing! Das bedeutet ganz konkret, dass das Pferd zunächst das Geräusch des Clickers mit einer Belohnung verknüpfen muss (das nennt man Konditionierung). Dafür muss die Belohnung dem Geräusch unmittelbar folgen. Je kürzer die Zeit zwischen Click und Belohnung ist, desto leichter wird es Ihrem Pferd fallen, diese beiden Ereignisse zu verbinden.

Ein weiterer Erfolgsfaktor für das Clickertraining ist die Belohnung. Manche Pferde sind so verfressen, dass sie sich schon über ein paar Krümel Heu freuen, für andere ist Kraulen eine tolle Belohnung. Aus diesem Grund beschäftigen wir uns auf den folgenden Seiten auch mit dem Thema Belohnungsformen noch näher.

Was Sie zunächst für das Verständnis des Clickertrainings wissen müssen ist, dass man eine Belohnung auch als »Verstärker« bezeichnet. Empfindet Ihr Pferd ein Leckerchen, das Sie ihm nach einem Verhalten geben, tatsächlich als Belohnung, so verstärkt das Leckerchen das zuvor gezeigte Verhalten – das Pferd wird also das, was es kurz bevor Sie ihm einen Keks gegeben haben, getan hat, künftig häufiger zeigen. Das hier als Beispiel angeführte Leckerchen ist ein so genannter primärer Verstärker, also etwas, das das Pferd von sich aus haben möchte. Zu den primären Verstärkern zählen neben Futter auch Sozialkontakte, Fortpflanzung, Bewegung etc.

Nun gibt es neben den primären Verstärkern auch sekundäre Verstärker. Das Geräusch oder der Anblick des Futterwagens ist zum Beispiel für fast alle Pferde ein sekundärer Verstärker. Er kündigt sehr zuverlässig einen primären Verstärker an: nämlich Futter.

Auch der Click ist ein sekundärer Verstärker, bzw. können wir ihn dazu machen. Hat das Pferd erst einmal verstanden, dass »Click« bedeutet, dass immer eine Belohnung folgt, wird der Clicker zu einem äußerst mächtigen Timing-Helfer. Man kann sehr präzise ein gewünschtes Verhalten »markieren« und nicht erst zeitverzögert durch die Belohnung bestätigen. Stellen Sie sich vor,

Den richtigen Moment für den Click kann man ein bisschen damit vergleichen, wann man den Auslöser einer Kamera drücken würde: in diesem Fall genau dann, wenn das Pony durch den Reifen springt

Sie möchten einem jungen Pferd freundlich erklären, dass es Ihnen sein Hinterbein geben soll. Haben Sie nun lediglich Futter (also einen primären Verstärker), aber keinen Clicker (den sekundären Verstärker), so brauchen Sie auf jeden Fall einen Helfer, der Ihr Pferd füttert (oder ein sehr gut ausbalanciertes, gelenkiges Jungpferd, das sich auch auf drei Füßen zu Ihnen umdrehen kann). Der Clicker ermöglicht es Ihnen, auch in solchen Situationen klar zu kommunizieren, welches Verhalten (hier das Bein in Ihre Hand geben), Sie genau haben möchten.

Statt eines Clickers kann man grundsätzlich auch ein Wort benutzen wie »gut«, »fein« etc. Der Nachteil eines Lobworts ist allerdings, dass es nicht immer gleich klingt, oft zu lang ist, um wirklich ganz präzise einen Moment zu markieren, oder auch in anderen Zusammenhängen verwendet wird.

Wie lange es dauert, bis ein Pferd auf den Clicker konditioniert ist, ist sehr unterschiedlich. Manche Pferde brauchen nur ein paar wenige Clicks, andere brauchen ein paar Wiederholungen mehr.

Die wichtigsten Regeln

Wenn Sie sich dazu entschieden haben, dem Clickertraining eine Chance zu geben, ist etwas Umdenken gefragt. Bei Ihnen und bei Ihrem

Pferd. Wobei sich die Menschen erfahrungsgemäß schwerer tun als die Pferde, was aber nicht so sein muss, wenn man ein paar Regeln beachtet. Das Pferd lernt schnell, dass es mitbestimmen kann und es weiß bald, dass es selbst die Clicks »produzieren« kann. Das Pferd wird im Clickertraining zum gleichberechtigten Trainingspartner für den aber selbstverständlich einige Regeln gelten.

Es muss vor allem höflich sein und stillstehen, auch wenn der Futterbeutel direkt vor seiner Nase baumelt (wie Sie das anstellen verrät Ihnen die Höflichkeitsübung auf Seite 47). Doch auch der Trainingspartner Mensch muss für eine klare Kommunikation und verständliche Regeln sorgen.

Übung:

Fernsehnachrichten ganz aktiv:
Machen Sie es sich vor dem Fernseher bequem. Klingt entspannt? Na ja, nicht ganz. Schauen Sie dem Nachrichtensprecher tief in die Augen – und clicken Sie jedes mal, wenn er blinzelt. Sie schauen lieber Reitvideos? Na, dann clicken Sie immer dann, wenn das Pferd den Kopf genau in der Senkrechten hat.

Erst der Click, dann das Futter:

Klingt einfach, doch jeder, der sich schon einmal im Clickern versucht hat, der weiß, dass es manchmal ganz schön schwierig ist, den eigenen Körper wirklich unter Kontrolle zu behalten. Achten Sie bei Ihren ersten Versuchen (und natürlich auch später) ganz gezielt darauf, sich erst nach dem Click zu bewegen.
Warum ist das so wichtig? Wenn Sie sich immer schon vor dem Click bewegen, dann wird Ihr Pferd recht zuverlässig nicht auf den Click reagieren, sondern auf Ihre Bewegung zur Futtertasche. Das könnte Ihnen spätestens dann einen Strich durch die Rechnung machen, wenn Sie sich beim Clicken einmal nicht im Sichtfeld Ihres Pferds aufhalten. Achten Sie hier also von Anfang an auf Genauigkeit. Das kommt Ihnen später zugute. Versprochen. Es hilft außerdem auch Ihrem Pferd, sich in Anwesenheit der Futtertasche zu beherrschen.

Hat es gelernt, dass das Futter wirklich immer nur nach dem Click kommt, weiß es, dass es sich überhaupt nicht lohnt, nach dem Futter zu schielen, wenn es keinen Click hört. Das ist viel fairer.

Nach jedem Click gibt es eine Belohnung

Missachten Sie diese Regel, reagiert Ihr Pferd bald nicht mehr zuverlässig auf den Click. Es macht für Ihr Tier einen Unterschied, ob es weiß, dass es ganz sicher nach jedem Click etwas zu fressen bekommt oder nicht. Der Click ist ein Versprechen! Selbstverständlich sollen Sie jedoch nicht füttern, wenn Ihr Pferd Sie z.B. nach dem Click und bevor Sie füttern konnten beißt. Mit dem Futter würden Sie sein Verhalten ja noch verstärken. Aber brechen Sie dann nicht das Versprechen? Jein. Wenn Sie schon etliche Male zuverlässig nach jedem Click gefüttert haben, dann wird Ihr Pferd nicht nach einem einzigen Click ohne Futter vergessen, dass der Click für Futter steht. Es wird sich maximal wundern, weshalb es dieses Mal nichts bekommen hat. Füttern Sie aber nach einem Fehlverhalten wie Schnappen oder Drängeln, dann wird Ihr Pferd glauben, für dieses Verhalten Futter bekommen zu haben. Das Verhalten hätte sich somit gelohnt und was sich lohnt, macht man auch gerne wieder.

»Vorsicht ist die Mutter der Porzellankiste«.

Lassen Sie es am besten gar nicht erst dazu kommen, dass Ihr Pferd zwischen Click und Belohnung andere Dinge tut, als höflich auf sein Futter zu warten. Im Klartext: Sorgen Sie dafür, dass das Futter schnellstmöglich nach dem Click im Pferd verschwindet. Wenn nötig, halten Sie das Futter bereits in der Hand oder Ihre Hand in der Futtertasche. Das sollten Sie beides aber im Rahmen der Höflichkeitsübung (Seite 47) geübt haben, so dass Ihr Pferd bereits damit vertraut ist, dass ein Rascheln in der Futtertasche noch lange nicht bedeutet, dass das Futter schon auf dem Weg ist. Es muss wissen, dass es erst den Click abwarten muss und sich vorher keinerlei Hoffnungen zu machen braucht. Schnelles und präzises Füttern kann man übrigens auch sehr gut ohne Pferd üben. Was Sie dazu brauchen ist neben etwas Futter lediglich ein Eimer. Wie's geht, lesen Sie auf Seite 42.

Übung:

Flummi mal anders:

Nehmen Sie einen Gummiball und werfen Sie ihn auf den Boden. In der anderen Hand haben Sie einen Clicker. Jedes Mal, wenn der Flummi den Boden berührt, clicken Sie. Das klappt super? Dann clicken Sie doch mal immer dann, wenn der Ball seinen höchsten Punkt erreicht hat. Wenn Sie die Videokamera mitlaufen lassen, können Sie sich selbst überprüfen. Wenn Sie einen Helfer haben, kann natürlich auch dieser beobachten und Ihnen Feedback geben.

Selbstbedienung ist bei der Arbeit mit Futterlob nicht erwünscht

Füttern Sie öfter zu nah bei Ihrem Futterbeutel steigt die Gefahr, dass Ihr Pferd sein Maul künftig spätestens nach dem Click genau hier positioniert

Machen Sie es sich zur Gewohnheit, mit möglichst weit von Ihnen weggestecktem Arm zu füttern. So lernt Ihr Pferd ganz nebenbei, in welcher Position Sie seinen Kopf gerne hätten

Schafft man es schnell genug zu füttern, bleibt der Kopf des Pferdes unten

Lassen Sie uns an dieser Stelle noch ein paar Sätze loswerden zum Thema »was passiert zwischen Click und Belohnung«. Oft hört oder liest man Sätze wie »der Click beendet das Verhalten«. Das stimmt jedoch nur bedingt. Unsere Pferde tun schließlich immer irgendetwas – auch zwischen Click und Belohnung. Wir sollten durch unser Verhalten also dafür sorgen, dass sie das tun, was wir möchten. Nehmen wir an, Sie möchten Ihrem Pferd mit dem Clicker das Senken des Kopfes beibringen. Wenn Sie nun clicken, wenn Ihr Pferd die Nase

Übung:

Füttern üben:
Auf die Gefahr hin, dass Sie das ein wenig albern finden, dass wir Ihnen empfehlen zu üben, wie Sie Ihr Pferd füttern: Wie man Futter in ein Pferdemaul befördert, weiß natürlich jeder Pferdebesitzer. Bei der Arbeit mit Futterlob ist es aber entscheidend, dass das auch sehr schnell geht. Außerdem sollte man darauf achten, weit von sich weg zu füttern, damit das Pferd auf Abstand bleibt und nicht mit der Nase an der Jackentasche klebt. Üben Sie das also ruhig ausgiebig. Damit das Üben Ihrem Pferd nicht auf die Hüften schlägt, sollten Sie lieber einen Eimer als Futterempfänger nutzen. Stellen Sie diesen dafür etwa auf Maulhöhe Ihres Pferdes und versuchen Sie möglichst schnell die Hand mit Futter zum »Pferdemaul« zu schieben. Stehen Sie dabei so, dass Sie mit ausgestrecktem Arm füttern können. Über dem Eimer können Sie das Futter dann einfach aus der Hand fallen lassen, damit Sie beim nächsten Durchgang wieder neu in die Futtertasche greifen können. Üben Sie zunächst ohne Clicker. Wenn das Greifen in die Tasche und mit ausgestrecktem Arm füttern gut und sehr zügig klappen, dann können Sie anfangen zu clicken und danach zu füttern. Achten Sie darauf, dass Ihre Hand sich erst auf den Weg zur Futtertasche macht, nachdem Sie geclickt haben. Wenn Sie hier schlampern, dann reagiert Ihr Pferd nämlich im schlimmsten Fall auf Ihre Bewegung zur Futtertasche, anstatt auf den Click.

senkt und dann in Ihre Futtertasche greifen und Ihr Pferd füttern, ist es für Ihren Trainingserfolg entscheidend, was Ihr Pferd zwischen dem Click und dem Füttern tut. Hat es zwischendurch seine Nase wieder angehoben, belohnen Sie mit Ihrem Leckerchen auch das Anheben des Kopfes. Da Sie ihm aber beibringen wollen, den Kopf zu senken, bremst das Ihren Trainingserfolg. Besser wäre es, Sie könnten Ihr Pferd so schnell füttern, dass sein Kopf noch unten ist, wenn das Leckerchen ins Pferdemaul wandert. Dann hätten Sie mit dem Click das Senken des Kopfes eingefangen und mit dem Leckerchen die tiefe Position des Kopfes verstärkt. Dazu muss entweder Ihr Pferd seinen Kopf länger unten lassen, oder Sie müssen schnell sein. Meist ist es deswegen hilfreich, das Leckerchen schon vorher in der Hand zu halten. Kann sich Ihr Pferd dann nicht konzentrieren, lohnt es sich, die Basisübungen zu Höflichkeit und Futterbelohnung nochmals aufzufrischen, sonst verlieren Sie wertvolle Zeit.

Zu schnell zu viel.

Eventuell ist Ihr Pferd zu Beginn noch etwas zögerlich und tut sich schwer. Das könnte daran liegen, dass Sie die Trainingsschritte zu groß gewählt haben.
Der nächste Trainingsschritt darf immer nur so groß sein, dass Ihr Pferd die Anforderung leicht erfüllen kann. Wenn Sie es schaffen, die Schritte

Übung:

Zwei Finger in die Luft.

Hier brauchen Sie eine kleine Gruppe Menschen, die mit Clickern ausgerüstet sind (alternativ können Sie auch Kugelschreiber mit Druckknopf nehmen). Einer macht den »Animateur« und stellt sich vor die Gruppe. Diese hat die Aufgabe, immer dann zu clicken, wenn der »Animateur« zwei Finger in die Luft hält. Das klingt ganz einfach, je nach Talent des »Animateurs« ist es aber eine echte Herausforderung, wirklich nur dann zu clicken, wenn das Kriterium, also zwei Finger in der Luft, erfüllt ist. Der »Animateur« darf dabei antäuschen, die Finger nach oben, unten, zur Seite strecken, mal Daumen und Zeigefinger, mal Ringfinger und kleinen Finger nehmen, mal Zeige- und Mittelfinger. Spätestens ab einem bestimmten Tempo wird die Übung doch recht anspruchsvoll. Aber die Laune der Teilnehmer hebt dieses Spiel eigentlich immer.

klein genug zu machen, dann führt das automatisch dazu, dass Sie häufiger pro Minute clicken können. Das ist besonders am Anfang wichtig, um für möglichst viele Erfolgserlebnisse bei Ihrem Pferd zu sorgen. Wie Sie einen guten Trainingsplan mit ganz vielen kleinen Schritten erstellen, zeigen wir Ihnen ab Seite 16ff.

Da geht noch was!

Wählen Sie Mini-Trainingsschritte, doch erhöhen Sie die Kriterien stetig. Verlangen Sie beispielsweise beim Rückwärtsrichten zunächst nur ein Anspannen der Brustmuskulatur, dann eine Gewichtsverlagerung, einen einzelnen Schritt, ... Jetzt merken Sie vielleicht, dass Ihr Pferd beim Rückwärtsrichten den Kopf sehr weit oben hält und Sie hätten gerne ein Rückwärts mit tieferem Kopf.
Bevor Sie beide Anforderungen zusammen einfordern können, muss Ihr Pferd erst eines der Kriterien ausreichend erfüllen. Sagen wir für diesen Fall zwei flüssige Schritte rückwärts. Erst jetzt lernt es das Kopfsenken. Wenn es das auch kann, können Sie beides zusammen fordern. Dann sollten Sie sich aber erstmal mit einer Gewichtsverlagerung mit gesenktem Kopf begnügen. Klappt das gut, können Sie Ihre Anforderungen zügig erhöhen. Aber natürlich sollten Sie immer nur so viel verlangen, wie Ihr Pferd leisten kann. Uns Menschen muss klar sein, dass ein Rückwärts mit gesenktem Kopf fürs Pferd wieder eine ganz neue Aufgabe ist.

Immer einen Schritt voraus.

Ein guter Schachspieler plant immer einige Züge im Voraus. Das ist auch für uns ein guter Rat. Manchmal lernen unsere Pferde schneller als gedacht. Da ist es wichtig, dem Vierbeiner immer einen Schritt voraus zu sein.

Was mag Ihr Pferd am liebsten?

Die Belohnung

In diesem Kapitel war, wenn es um die Belohnung ging, bislang nur von Futter die Rede. Selbstverständlich gibt es viele weitere Belohnungsmöglichkeiten. Diese sind jedoch höchst individuell und können sich verändern. Fast alle Pferde fressen gerne – das richtige Futter vorausgesetzt. Bei mäkeligen Pferden lohnt es sich auch durchaus, etwas zu experimentieren. Wenn Sie wissen, was für Ihr Pferd im aktuellen Moment wirklich erstrebenswert ist, können Sie diese Motivation nutzen und bekommen so deutlich bessere Trainingsergebnisse, als wenn Sie jeden Tag immer nur Karottenscheiben präsentieren.
Aus unserer Erfahrung können wir sagen, dass prinzipiell jedes Pferd über Futter zu motivieren ist. Probieren Sie also ruhig ein bisschen herum. Futter hat den Vorteil, dass es für uns Menschen eigentlich jederzeit verfügbar ist, gut transportabel, dosierbar und schnell einsetzbar.
Wenn Ihr Pferd sich gerne kraulen lässt, dann sollten Sie dies selbstverständlich ebenfalls

nutzen, doch als hauptsächliche Belohnung hat diese körperliche Zuwendung einen Haken: Sie dauert lange. So kommen Sie im Training nur sehr langsam voran.
Das Wichtigste beim Thema Belohnung ist immer, herauszufinden, was Ihr Pferd im Moment am liebsten haben möchte. Das ist oft Futter, kann aber auch Bewegung sein, wenn es beispielsweise lange in der Box stehen musste. Das sollten Sie beachten und nutzen. Beachten insofern, dass Sie Ihr Training anpassen: Ruhiges Stehen oder ähnliche Übungen, die wenig Vorwärtsbewegung zulassen, sind dann für das Pferd einfach sehr schwierig. Beginnen Sie besser mit Aufgaben, die mehr Vorwärts zulassen. Bauen Sie dann die ruhigen Übungen nach und nach ein. Belohnung kann dann (ggf. zusätzlich zum Futter) eine flotte Runde im Schritt oder Trab sein.

Haben Sie gerade Galopp-Pirouetten geübt, dann freut sich Ihr Pferd vielleicht sogar mehr über ein paar Minuten Pause als über ein Stück Apfel. Sie sehen, auch die Belohnung setzt ein bisschen Timing-Gefühl voraus. Die gerade angesprochene Pause als Belohnung nach einer körperlich sehr anstrengenden Lektion fürs Pferd kann in einer anderen Situation aber eine Strafe darstellen.

Die Stute genießt die Pause nach einer anstrengenden Trainingseinheit

Auch freie Bewegung nach Lust und Laune kann eine tolle Belohnung sein

Übt Ihr Pferd gerade konzentriert das Kompliment mit Ihnen und hat sichtlich Spaß an der Sache, dann wird es eine Unterbrechung oder das Ende der Übungseinheit nicht als Belohnung empfinden, sondern enttäuscht sein. Sie merken, der Zeitpunkt ist entscheidend dafür, wann etwas für Ihr Pferd eine Belohnung ist und wann eine Strafe. Doch wenn Sie Ihr Pferd gut beobachten und ein bisschen experimentieren, dann wissen Sie bald, für welche Belohnung Ihr Pferd Höchstleistung bringt.

Haben Sie Bedenken beim Thema Futter? Ihr Pferd ist schon ein bisschen zu mopsig und die Kraftfutterration ohnehin bereits gestrichen? Machen Sie sich nicht zu viele Sorgen. Die einzelnen Futterstücke dürfen beim Clickertraining gerne sehr klein sein. Aus einer Karotte kann man problemlos 20 Stücke machen.
Für Pferde mit entsprechenden Erkrankungen macht es Sinn, sich mit dem Tierarzt abzustimmen, doch eine Handvoll Hafer, Heucobs, Hagebutte oder Sellerie darf fast jedes Pferd fressen.

Bedenken beim Futterlob

Vielleicht machen Sie sich beim Thema Futterlob auch eher Sorgen, dass Ihr Pferd zum Schnappmonster wird oder nur noch an Ihnen herumrüsselt. Wir verstehen Ihre Bedenken, denn wenn man nicht strukturiert und bedacht mit Futter im Training umgeht, kann genau das passieren. Aber wir können auch Entwarnung geben: Gerade sehr futtergierige Pferde lernen mit etwas Konsequenz sehr, sehr schnell, dass es sich lohnt, höflich zu sein und eben nicht permanent nach dem Futter zu suchen. Die Aussage »Mein Pferd kann man nicht mit Futter belohnen, es wird dann ungestüm, schnappt, ...« müsste aus unserer Erfahrung eher heißen: »Ich kann bislang mein Pferd nicht mit Futter belohnen, weil ich noch nicht weiß, wie ich ihm klare Regeln vermitteln kann, wann es Futter gibt und wann nicht.« Genau da liegt nämlich meist der Hase im Pfeffer: Das Pferd kann keinen logischen Zusammenhang zwischen Futterausgabe und seinem eigenen Verhalten feststellen. Das Futter kann quasi jeden Moment kommen. Vielleicht gibt es ein paar Vorzeichen, aber feste, für das Pferd verständliche Regeln gibt es nicht. Das ist somit die erste und wichtigste Aufgabe für Sie: Regeln definieren und Ihrem Pferd beibringen. Eine sehr gute Übung hierfür ist Nina Steigerwalds Uhrenübung. Ihr Pferd lernt dabei nicht nur Abstand zur Futtertasche zu halten, es kann am Ende sogar frei auf dem Reitplatz stehen. Eine ausführlichere Fassung der Uhrenübung finden Sie in Nina Steigerwalds Buch »Agility mit Pferden«.

Gefüttert wird da, wo der Pferdekopf sein soll

Die Uhrenübung

Was Sie brauchen, sind zwölf oder mehr Markierteller aus dem Sportbedarf (alternativ andere Bodenmarkierungen), und eine etwas größere, freie Fläche. Möglichst ohne größere Ablenkung (steht Ihr Pferd nicht 24 Stunden auf der Koppel, dann sollten Sie beispielsweise besser nicht auf Gras üben). Die Markierungen legen Sie in einem Kreis, der den Durchmesser von zwei Pferdelängen hat. Die zwölf Markierungen verteilen Sie gleichmäßig, so dass eine Art Ziffernblatt einer Uhr entsteht.

1 Sie führen Ihr Pferd in die Mitte des Kreises. Der Kopf ist etwa im Zentrum des Kreises, der Pferdepo auf 12 Uhr. Sie stehen auf der linken Seite Ihres Pferdes, ca. eine Armlänge vom Kopf entfernt, Richtung 3 Uhr. Den Clicker halten Sie in der linken Hand.

Das Pferd steht still und schaut geradeaus – Click!

Hat es gut geklappt, wandern Sie zum nächsten Punkt der Uhr

»Fragen« Sie Ihr Pferd, ob es Hals und Kopf für einen ganz kleinen Moment gerade halten kann. Ist die Antwort »ja«, dann clicken Sie und füttern mit der rechten Hand und schön weit weg von sich. Ihren Abstand zum Pferd haben Sie idealerweise so gewählt, dass Ihre Futterhand mittig vor der Pferdebrust auftaucht und Ihr Pferd auch beim Fressen Kopf und Hals entspannt gerade halten kann. Außerdem ist es wichtig, dass Sie das Futter bereits in der Hand haben und diese blitzschnell zum Pferdemaul bringen. Das wiederholen Sie viermal. Wenn Sie schnell genug sind, dann bleibt Ihr Pferd an Ort und Stelle. (Wenn nicht, siehe Seite 51.)

2 Steht Ihr Pferd nun vier Clicks hintereinander still, dann clicken Sie wieder, füttern und bewegen sich dieses Mal aber während Sie füttern auf 4 Uhr nach vorne. Sie parken dazu Ihre Hand unter dem Pferdemaul und bewegen nur Ihre Beine. Wiederholen Sie den Schritt nun von 4 Uhr aus. Immer beim fünften Click bzw. beim Füttern wechseln Sie die Position.

3 So machen Sie weiter, bis Sie bei 6 Uhr angelangt sind. Sie stehen nun frontal zum Pferd. Bevor Sie zu 7 Uhr wechseln, tauschen Sie Clicker und Futtertasche nach rechts. Das ist wichtig, damit Sie stets mit gestrecktem Arm füttern können.

4 Wieder fünfmal Click und Belohnung auf 7. So arbeiten Sie sich um Ihr Pferd herum bis Sie wieder bei 3 Uhr angekommen sind.

5 Nun kommt ein neues Kriterium dazu: Sie erhöhen die Dauer des Stillstehens. Sie beginnen wieder bei 3 Uhr. Doch bevor Sie clicken, zählen Sie dieses Mal »einundzwanzig«. Steht Ihr Pferd noch still, clicken und füttern Sie. Alles Weitere dann wie gehabt, nur eben mit einer Sekunde Stillstehen als Anforderung. Aber Achtung, eine kleine Besonderheit gibt es hier: Den ersten Click auf dem nächsten Punkt auf der Uhr gibt es sofort, da die Schwierigkeit fürs Pferd enorm steigt, wenn Sie sich bewegen und nicht genauso still stehen bleiben wie Ihr Pferd.

6 In der nächsten Runde erhöhen Sie auf zwei Sekunden Wartezeit, danach auf drei Sekunden.

7 Da es uns ja nicht nur darum geht, dass Ihr Pferd stillstehen lernt, sondern zusätzlich verinnerlichen soll, dass die Futtertasche tabu ist, bauen Sie nun noch eine Runde »Taschenwühlen« ein. Je nach Vorgeschichte Ihres Pferdes kann dieser Schritt ein bisschen länger dauern. Sie rascheln also ganz kurz in Ihrer Tasche (nicht länger als eine Sekunde, die Dauer steigern Sie erst wieder, wenn Ihr Pferd ignoriert, dass Sie in der Tasche wühlen). Kann Ihr Pferd trotz dieser Ablenkung stillstehen, bekommt es einen Click und sein Futter.

So nicht: An der Futtertasche hat die Pferdenase nichts verloren

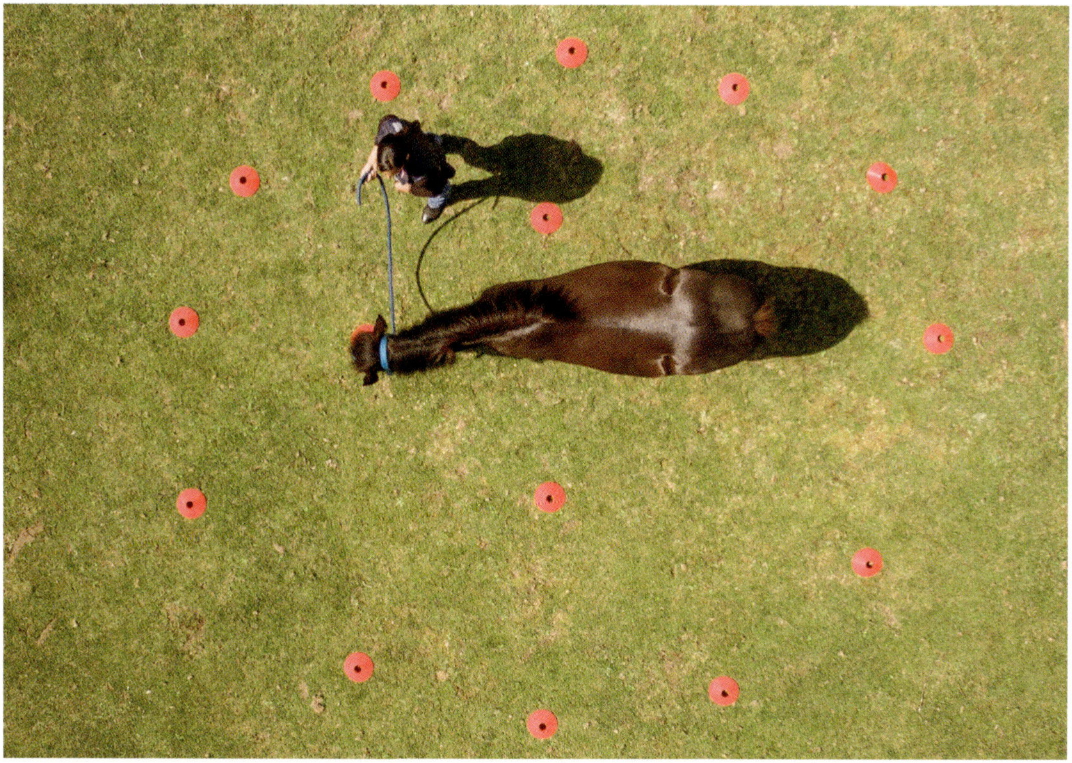

Kann das Pferd schon eine Sekunde lang stillstehen?

8 Nun erhöhen Sie die Distanz zum Pferd. Den ersten Click gibt es wieder auf 3 Uhr direkt neben dem Pferd. Danach machen Sie einen Schritt zur Seite (machen Sie den Schritt nur so groß, dass Sie noch durch Neigen des Oberkörpers füttern können), clicken und füttern. Als Hilfe können Sie sich einen kleineren Innenkreis markieren. Wieder fünfmal wiederholen, zunächst ohne Wartezeit zwischen den Clicks. Dass Sie nun weiter entfernt stehen, ist für die erste Runde schwierig genug. Hat es mit diesem Abstand gut geklappt, dann können Sie in den nächsten Runden wieder sekundenweise die Dauer erhöhen. Danach können Sie dann den Abstand auf zwei Schritte steigern. Außerdem sollten Sie Ablenkung hinzunehmen (z.B. jemand, der um Sie und Ihr Pferd herumgeht) und den Trainingsort verändern.

9 Wenn Sie sich hundert Prozent sicher sind, dass Ihr Pferd stehen bleibt, dann können Sie ein Signal einführen. Das könnte sein, dass Sie kurz die flache Hand nach oben heben, »bleib« sagen oder das Ende des Führstricks auf den Boden legen. Ihr Signal geben Sie nun jedes Mal, wenn Sie sich von Ihrem Pferd entfernen.

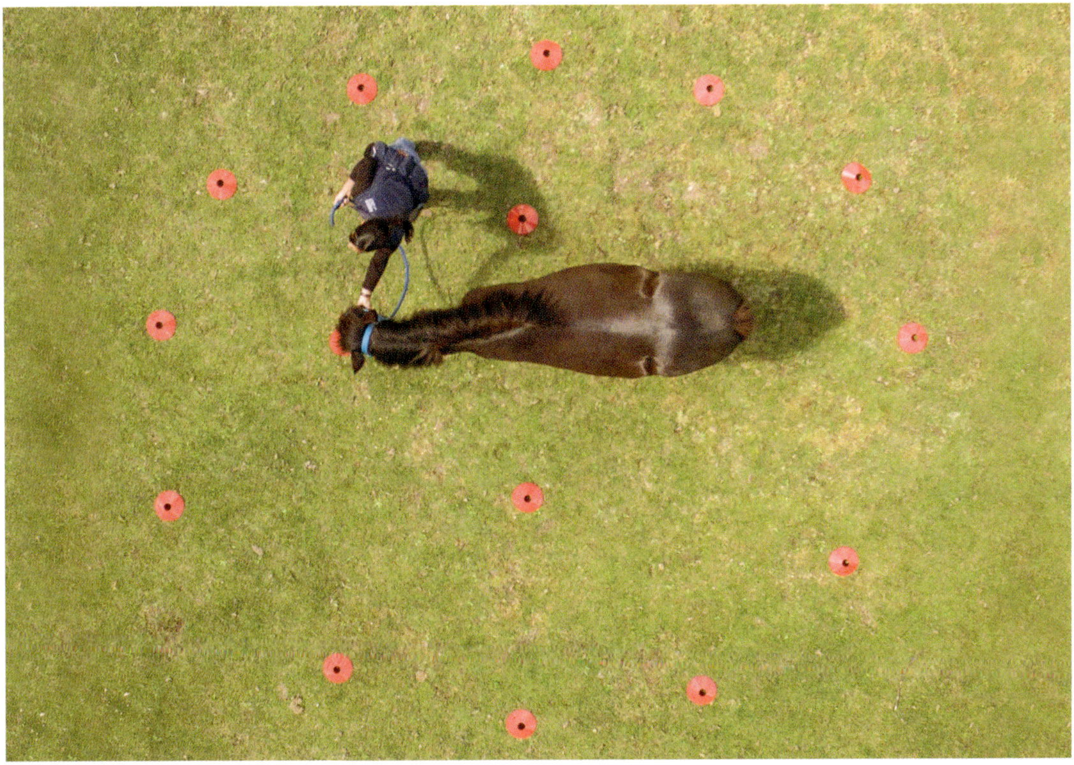

Na klar. Click und Belohnung!

Das machen Sie, wenn Ihr Pferd nicht stehenbleibt

Hebt Ihr Pferd einen Huf oder macht sogar einen Schritt oder berührt Sie oder die Futtertasche, dann nehmen Sie den Führstrick, der bis dahin locker über dem Pferdehals lag, gehen kommentarlos eine Runde mit ihm und parken es wieder in der Mitte der Uhr.
Wozu die »Strafrunde«? Wir könnten das Pferd natürlich auch korrigieren. Also beispielsweise zurückschicken, wenn es einen Schritt nach vorne gemacht hat. Das hat aber einen entscheidenden Nachteil: Es lernt, dass nicht nur einwandfreies Stillstehen eine Belohnung bringt. Es speichert das Fehlverhalten praktisch mit ab. Gehen wir nach jedem Fehlverhalten eine Runde, dann können wir im nächsten Durchgang wirklich wieder bei null beginnen. Wir laufen nicht Gefahr, auch das zuvor gezeigte Fehlverhalten mitzubelohnen.
Außerdem wird das Pferd schnell merken, dass es sich viel schneller etwas verdienen kann, wenn es zwischendurch nicht herumhampelt und dann wieder eine Runde gehen muss, bis es wieder die Chance auf einen Belohnung hat.

Übung:

Schneller als sein Schatten:
Angelehnt an Lucky Luke schult diese Übung Ihre Schnelligkeit. Und gleich vorweg: Sie ist für Profis. Es ist also keine Schande, wenn Sie es (erstmal) nicht hinbekommen. Legen Sie ein Leckerli auf den Tisch, den Clicker daneben.
Nun schubsen Sie das Leckerli vom Tisch, greifen sofort den Clicker und clicken in dem Moment, in dem das Leckerli den Boden berührt. Um hier schnell genug zu sein, müssen Sie vermutlich eine ganze Weile üben.

Die Arbeit mit Futterlob bietet aus unserer Sicht eine sehr gute Ausgangsbasis für ein harmonisches Miteinander und für ein effizientes und motiviertes Training.
Aber selbstverständlich ist auch mit anderen Trainingsmethoden ein erfolgreiches Training möglich. Voraussetzung ist aber immer, dass es klare Regeln gibt, es fair zugeht und – genau – das Timing stimmt.

Eine Belohnung an der richtigen Stelle beschleunigt das Training und erhält die Motivation

Übung:

Trainerspiele:

Trainerspiele sind eine wunderbare Möglichkeit, nicht nur sein Timing, sondern auch seine Trainerfähigkeiten generell zu überprüfen und zu verbessern. Und das ganz entspannt ohne Tier. Sie haben dabei sogar die Chance, selbst einmal zu erfühlen, wie es Ihrem Pferd beim Training geht.

Wie dieses Spiel funktioniert? Ganz simpel ausgedrückt spielt ein Trainer das Pferd, der andere den Trainer, der dem Pferd etwas beibringen möchte. Wie anspruchsvoll man das Trainerspiel gestaltet, ist jedem Team selbst überlassen.

Wenn sich mehrere Teams finden und es ggf. sogar einen Leiter gibt, dann kann man es sogar so gestalten, dass dieser die Aufgabe vorgibt. Hier ein Beispiel für eine mögliche Aufgabe: Das »Pferd« soll sich auf einen im Raum stehenden Stuhl setzen, aber bitte verkehrtherum. Die Aufgabe des »Trainers« ist es nun – ähnlich wie beim Topfschlagen – durch Clicks Richtung Stuhl zu lotsen.

Das »Pferd« schaut Richtung Stuhl: Click. Das »Pferd« macht einen Schritt Richtung Stuhl: Click. Das »Pferd« fasst den Stuhl an: nichts. Das »Pferd« macht Anstalten, sich auf den Stuhl zu setzen: Click. Es steht auf und setzt sich erneut: nichts. Das »Pferd« setzt sich schräg auf den Stuhl: Click. Es versucht es erneut: nichts. Nun kommt es auf die Idee und setzt sich verkehrt herum auf den Stuhl: Click, Auflösung des Spiels. Was wird das »Pferd«, jetzt da es wieder sprechen kann, wohl über seine Erfahrung berichten? Vermutlich, dass es bis zum ersten Setzen auf den Stuhl noch sehr klar war und sich gut angefühlt hat. Als der Click beim zweiten Versuch ausblieb, kam vermutlich die erste Verwirrung auf: »Wie, gerade eben war es doch noch richtig, was denn jetzt?« Da das »Pferd« aber zuvor schon einige Clicks kassieren konnte, schafft es der »Trainer«, es auch weiterhin bei der Stange zu halten, und es macht einen weiteren Versuch. Es erlebt nun wieder das gleiche Szenario, einmal gibt es einen Click, einmal nicht. Jetzt ist das »Pferd« aber bereits vorgewarnt und probiert einfach weiter: mit Erfolg, die dritte Variante des Auf-den-Stuhl-Setzens hat funktioniert! Ein weiteres Beispiel für eine etwas komplexere Aufgabe wäre, dass das »Tier« einen Stift ganz kurz auf den Tisch tippen soll oder dass es einzelne Legosteine auseinandersetzen soll. Muss es nun noch eine bestimmte Reihenfolge beachten oder eine Aufgabe nur ausführen, wenn es zuvor ein Signal erhalten hat, dann wird es schnell knifflig. »Verclickt« sich der »Trainer« dann auch noch häufiger, dann werden Sie – wenn Sie das »Pferd« spielen – schnell am eigenen Leib erfahren, wie sich Frust anfühlt. Aber wenn es besser läuft natürlich auch, wie motivierend diese Art des Trainings sein kann.

Wenn Sie mit dem Clickertraining bereits vertrauter sind, eignen sich solche Trainerspiele auch hervorragend um einen komplexeren Trainingsaufbau zu üben und zu testen. Im Internet finden Sie, wenn Sie PORTL eingeben, einiges zu diesem Thema (PORTL steht für Portable Operant Research and Teaching Lab, ein System von Prof. Dr. Jesús Rosalez-Ruiz). Unter anderem auch ein Video bei dem das »Tier« Holzklötzen auf eine vorgegebene Art und Weise einparken soll. Hier nutzt der »Trainer« ganz geschickt das Vorwissen des »Tiers« und stellt ihm zunächst Spielzeugautos zur Verfügung. Das »Tier« schiebt diese sofort beim ersten Versuch über den Tisch. Dies wird mit einem Click bestätigt und das »Tier« bekommt einen Holzklotz in die Hand. Es versucht sehr schnell, auch diesen über den Tisch zu schieben. Diese Lösung, wie mit dem Holzklotz umgegangen werden kann, ist für die meisten Menschen definitiv nicht die naheliegendste (bei einem Spielzeugauto aber durchaus), mit einem geschickten Trainingsaufbau erhält der »Trainer« trotzdem fehlerfrei das gewünschte Verhalten.

Tipps fürs praktische **Alltagstraining**

In diesem Kapitel greifen wir einige Themen auf, die uns im Alltag immer wieder begegnen und die zentral sind für gutes Timing und eine reibungslose Kommunikation mit unseren Pferden. Von der Gestaltung von Pausen, über den richtigen Moment, um seine Einheit zu beenden, bis zum Aufbau von Dauer.
Wir hoffen, Sie können den ein oder anderen Tipp in Ihrem Alltag nutzen.

Vorzeichen erkennen: Noch ist der Wallach entspannt, doch ...

Beobachten lernen

Dieser erste Alltagstipp klingt recht banal. Aber so simpel sich das anhört, so wichtig ist es doch im Training und im Umgang mit unseren Pferden, gut zu beobachten. Die meisten Reiter verwenden auf aufmerksames Hinschauen deutlich zu wenig Zeit! Und dabei kann die Fähigkeit, genau zu beobachten, unglaublich viele Fehler und Korrekturschleifen – und damit Zeit – sparen.
Paradox eigentlich. Warum also ist es so wichtig, dass wir hinschauen und uns Zeit nehmen zu beobachten? Wenn Sie Ihrem Pferd erfolgreich etwas beibringen möchten, dann müssen Sie oft ziemlich schnell sein. Das gilt für neue Lektionen genauso wie für Fehlverhalten, das Sie Ihrem Pferd gerne abgewöhnen möchten.
Haben Sie Ihr Pferd nicht gut beobachtet, dann passiert es leicht, dass Sie nur noch reagieren können, weil Ihr Pferd zum Beispiel gefühlt »aus dem Nichts heraus« bockt. Aber auch, wenn ein Pferd beispielsweise bereit ist, sich ans Gebiss heranzudehnen, und man noch nicht geübt genug ist, den richtigen Moment zu fühlen, dann kann es passieren, dass man zu spät mit dem Zügel nachgibt. Es geht also vor allem darum, die Vorzeichen zu erkennen.

... als er die Tüte wahrnimmt, ändert sich seine Körpersprache. Er zeigt deutlich, dass ihm die Tüte unheimlich ist und er gleich Reißaus nehmen wird

Mit einem Satz bringt er Abstand zwischen sich und die vermeintliche Gefahr

Egal, ob beim Reiten oder vom Boden: Punktgenaues Nachgeben mit der Hand ist wichtig

Auf die Plätze, fertig, los – Der richtige Moment für ein Signal

Eine kleine Begriffsdefinition vorweg: Mit Signal meinen wir eine körperliche Geste oder ein Wort oder auch nur einen bestimmten Laut, der Ihrem Pferd zu verstehen gibt, dass es jetzt ein bestimmtes Verhalten zeigen soll (stehen bleiben, antraben, rückwärts gehen, ...). Beim Reiten nennen wir das oft auch »Hilfe«.

Ein Signal geben Sie also immer dann, wenn Sie möchten, dass Ihr Tier das gewünschte Verhalten zeigt. Soweit, so klar. Ein paar Fallen gibt es aber schon – deshalb räumen wir dem Thema hier auch so viel Platz ein.

Übung:

Anderen über die Schulter schauen:
Guten Trainern bei der Arbeit zuzuschauen ist immer eine wunderbare Möglichkeit, etwas Neues zu lernen und sein eigenes Timing zu verbessern. Man überlegt sich also, während man das Training verfolgt, was der nächste Schritt sein müsste oder versucht, genau den richtigen Moment für die Hilfe zu sehen, die der Trainer gleich geben wird. Ein bisschen entspannter und evtl. einfacher ist es, wenn man sich Videos vom Training anderer Reiter oder Pferdemenschen anschaut. Das kann man schön zuhause auf dem Sofa machen und kann, wenn nötig, zurückspulen und sich Notizen machen.

Und das lernt man am besten, wenn man sich und sein Pferd (und auch andere Pferd-Reiter-Paare) möglichst häufig und möglichst objektiv beobachtet. In der Praxis nimmt man dazu am besten die Kamera zur Hilfe, die ist auch neutraler als die Stallkollegin oder der Reitlehrer. Und glauben Sie uns, wir sprechen aus Erfahrung: Man sieht dadurch sehr oft Dinge, von denen man vehement bestritten hätte, dass sie so geschehen sind. Unsere eigene Wahrnehmung ist nämlich oft alles andere als objektiv.
Wenn Sie gut darin sind, zu beobachten, dann wird es Ihnen auch leichter fallen, Zusammenhänge zu verstehen und das für sich und Ihr Training zu nutzen.
Ein Beispiel fürs Reiten: Wenn Sie durch Beobachten gelernt haben, dass sich der Halsmuskel lockert, ganz kurz bevor das Pferd im Genick nachgibt, dann können Sie punktgenau mit der Hand weich werden und bekommen als Ergebnis eine schöne Dehnungshaltung.

Signale einführen

Gehen wir davon aus, dass Sie Ihrem Pferd beigebracht haben, Küsschen zu geben. Daran hat es auch sichtlich Spaß und küsst alle, die es möchten – oder auch nicht. Sie wollen nun, dass es das nur noch tut, wenn Sie es dazu auffordern. Dazu müssen Sie zunächst warten, bis das Pferd eine kurze Pause einlegt, aber prinzipiell noch »in der Stimmung« ist, Küsschen zu geben. Genau in dem Moment geben Sie Ihr Signal. Sie sagen also z.B. »Küss mich«. Sie geben das Signal also einen kleinen Moment bevor das Pferd wieder zu einem kleinen Schmatzer ansetzen würde. Das Pferd kann zunächst mit Ihrer Aufforderung »Küss mich« nichts anfangen, das passiert erst, wenn Sie diesen Vorgang mehrmals wiederholen.
Je markanter Ihr Signal ist, desto schneller klappt es dabei mit der Verknüpfung. Reden Sie viel und häufig mit Ihrem Pferd, wird es eine Geste wie in die Hände klatschen oder die Hand heben voraussichtlich deutlich schneller verknüpfen, da es aus Sicht Ihres Pferdes ein herausstechendes Ereignis ist – anders als gesprochene Worte. Das sollte man im Hinterkopf haben.

Die Trainerin muss erst die Aufmerksamkeit des jungen Wallachs zurückgewinnen, bevor sie gemeinsam weiterarbeiten können

Tipp Nummer eins:
Achten Sie auf Ihr Tier und die Umgebung bevor Sie das Signal geben.
Es macht einfach keinen Sinn, einem Pferd ein Signal zu geben, das völlig abgelenkt ist. Dazu müssten Sie Ihr Signal schon extrem gut geübt und unter verschiedensten Ablenkungen gefestigt haben. Das tun wir aber bei vielen Signalen nicht (weil es sehr viel Arbeit ist und für viele Verhalten auch gar nicht nötig ist). Wir haben es nun einmal nicht mit einer Maschine zu tun, die auf Knopfdruck reagiert, egal ob eine wehende Plastiktüte neben ihr herumfliegt oder das Kumpelpferd gerade einen großen Eimer Karotten bekommt. Ist Ihr Pferd abgelenkt macht es Sinn, erst die Aufmerksamkeit wieder zu bekommen und dann das Signal zu geben.

Das ist auch deshalb wichtig, weil das Pferd sonst lernt, dass es egal ist, ob es auf ein Signal reagiert oder nicht. Wenn es gerade nicht aufpasst, dann kommt das Signal einen Moment später ohnehin noch einmal. Damit sind wir auch schon bei **Tipp Nummer zwei:** Geben Sie Ihr Signal nur, wenn Sie einen Plan haben, was Sie tun werden, wenn Ihr Pferd das Signal ignoriert. Hier gibt es allerdings einen Unterschied, ob Sie mit positiver Verstärkung (z.B. über Futterlob) arbeiten oder über negative Verstärkung (z.B. über Druck/Druck nachlassen wie im Natural Horsemanship) oder Strafe (z.B. Schlagen mit der Gerte oder Peitsche, also etwas, das so unangenehm für das Pferd ist, dass es sein Verhalten ändern wird):

Arbeiten Sie mit positiver Verstärkung, dann weiß Ihr Pferd, dass es eine Belohnung erwarten kann, wenn es auf Ihr Signal reagiert. Reagiert es nicht auf das Signal, ist es bei dieser Trainingsmethode ein probates Mittel, das Signal erst nach einer etwas längeren Dauer zu wiederholen. Warum das funktioniert?

Für das Pferd kündigt das Signal sehr verlässlich eine Belohnung an. Es hat bereits gelernt, dass es ein Leckerchen bekommt, wenn es das gewünschte Verhalten zeigt. Sie »bestrafen« das Pferd also für das Ignorieren des Signals, indem Sie ihm die Chance verwehren, sich eine Belohnung zu verdienen: Kein Signal = keine Belohnung.

Es gibt zum Thema Signal in Kombination mit der positiven Verstärkung eine Falle, in die man hier schnell mal tappt, und auf die wir Sie an dieser Stelle hinweisen möchten: Nehmen wir an, Sie haben Ihr Pferd für eine Übung schon häufiger belohnt und geben nun das Signal für diese Übung. Nun ist schon allein das Signal als Vorbote für die Übung ein Verstärker. Das ist prinzipiell gut und lässt sich im Training prima nutzen. Einen Haken gibt es allerdings: Hat Ihr Pferd sich gerade danebenbenommen, Sie z.B. in die Seite gebufft, und Sie geben daraufhin das Signal für »nimm deinen Kopf zur Seite«, dann haben Sie das unerwünschte Verhalten mit verstärkt. Geben Sie ein positiv auftrainiertes Signal also nur, wenn Ihr Pferd zuvor ein Verhalten gezeigt hat, das Sie gerne häufiger sehen möchten!

Nun aber zurück dazu, was Sie tun können, wenn Ihr Pferd das Signal ignoriert.

Arbeiten Sie über negative Verstärkung, dann ist Ihre Belohnung für das Befolgen eines Signals das Ausbleiben von Druck (in diesem Fall wird auch meist von »Kommando« statt »Signal« gesprochen). Das Pferd befolgt das Kommando, weil es weiß, dass es sonst unangenehm wird bzw. in irgendeiner Form Druck gemacht wird. Das alleinige Ausbleiben des Signals wird deshalb – anders als bei der Arbeit über positive Verstärkung – nicht dazu führen, dass das Pferd dies als Strafe empfindet und künftig Ihr Kommando befolgt.

Für das Pferd macht es bei der Arbeit mit negativer Verstärkung keinen Unterschied, ob es einfach so »Pause« macht oder auf ein Kommando reagiert hat und als Belohnung eine kleine Pause bekommt. Hier muss man sich dann etwas anderes einfallen lassen, beispielsweise den Druck weiter erhöhen.

Am besten ist es aber, es passiert gar nicht erst, dass Ihr Pferd nicht reagiert.

Sie sollten also darauf achten, dass Sie kein Signal geben, wenn es z.B. zu gestresst ist oder körperlich (im Moment) nicht dazu in der Lage ist. Oder auch, wenn Ihr Pferd das Signal gar nicht erkennen kann, weil es beispielsweise in die falsche Richtung schaut.

Vorsicht beim Strafen!

Strafen bedeutet, dass Sie Ihrem Pferd entweder etwas wegnehmen, das es gerne mag (die so

Dieses Pferd hat gelernt, dass die Peitsche vor seiner Nase bedeutet, dass es anhalten soll …

… und die Peitsche auf Höhe seiner Hinterhand für »vorwärts« steht

genannte negative Strafe), oder ihm etwas Unangenehmes zufügen (das nennt man dann positive Strafe, weil per Definition etwas hinzukommt).

Korrekt angewandte Strafe funktioniert – darüber müssen wir nicht diskutieren – daher sind wir in Kapitel zwei (ab Seite 22ff) auch bereits ausführlicher auf das Thema eingegangen. Dennoch taucht es hier nochmal auf, da es wichtig ist – egal ob man sie anwendet oder nicht – darüber genau Bescheid zu wissen. Zur korrekten Anwendung von Strafe gehört bzw. sollte es immer gehören, dass man sich ein paar Gedanken dazu macht, wann Strafe Sinn macht, und vor allem, wann man Vorsicht walten lassen sollte. Strafe ist nie angenehm und gefährdet schnell die Beziehung zum Pferd. Deshalb ist es wichtig, sehr sensibel damit umzugehen. Wann also, sollten Sie auf Strafe auf jeden Fall verzichten?

- Strafe ist keine gute Option, wenn sie bereits mehrfach nicht zum gewünschten Ergebnis geführt hat. Haben Sie mit Ihrem Pferd also zum Beispiel schon mehrmals geschimpft, weil es am Anbinder mit den Hufen scharrt und es scharrt trotzdem immer wieder? Dann war das Schimpfen für Ihr Pferd keine Strafe, denn sonst würde das Scharren weniger werden bzw. gar nicht mehr auftauchen. Sie sollten also über Plan B nachdenken: Vielleicht können Sie die Zeit am Anbinder verkürzen und zusätzlich Ihr Pferd gezielt belohnen, wenn es gerade nicht scharrt?
- Auf Strafe sollten Sie auch dann verzichten, wenn es sein könnte, dass Ihr Pferd die gewünschte Aufgabe noch nicht zu 100 Prozent verstanden hat.
  Nur weil es ein Verhalten mehrfach korrekt gezeigt hat, heißt das nicht automatisch, dass es gefestigt und wirklich verstanden wurde. Das gilt vor allem natürlich dann, wenn sich die Rahmenbedingungen ändern. Wenn Ihr Pferd unangebunden einige Minuten brav in der Mitte der Reitbahn stehen kann, heißt das noch lange nicht, dass es das auch an einem anderen Ort kann.

- Weiß Ihr Pferd, was es statt dem unerwünschten Verhalten tun kann? Wenn nicht, dann macht Strafe keinen Sinn, da ein Lebewesen praktisch nie wirklich nichts tun kann. Es kann ruhig stehen, es kann sich auf verschiedenste Arten bewegen etc. Sie sollten Ihrem Pferd also vorher beigebracht haben, was es stattdessen tun soll. Kennt das Pferd kein adäquates Alternativverhalten, dann führt Strafe zu großem Stress und Frustration. Stellen Sie sich vor, Sie sind irgendwo in Asien im Urlaub. Sie merken, dass die Menschen irritiert reagieren, wenn Sie Ihnen zur Begrüßung die Hand reichen. Ihre Reisebegleitung rügt Sie dafür und sagt Ihnen, dass man das hier nicht so mache. Sie fühlen sich vermutlich ungerecht behandelt, schließlich wussten Sie nicht, wie Sie die Menschen sonst hätten begrüßen sollen. Hätte Ihre Begleitung Ihnen gesagt, dass man sich stattdessen beispielsweise höflich verbeugt, dann hätte Sie das deutlich weitergebracht als die Rüge.

Weiter geht's – Trainingsschritte

In diesem Buch wird Ihnen immer wieder das Thema kleine Trainingsschritte begegnen. Mit klein ist dabei gemeint, dass der Schritt nur so groß sein darf, dass das Pferd diesen ohne große Anstrengung oder Fehler gehen kann.

Macht das Pferd einen Fehler oder verweigert es die Aufgabe, dann wissen Sie, dass der Schritt zu groß war. Klappt es reibungslos, dann können Sie nach wenigen Wiederholungen den nächsten Schritt gehen. Also zusammengefasst als Grundrezept: Viele Mini-Schritte, aber nicht zu lange auf einer Stufe verharren.

Wann ist denn aber nun der richtige Zeitpunkt um den nächsten Trainingsschritt zu gehen, sprich die Anforderungen zu erhöhen? Dafür gibt es eine Art Formel: »PENG«. Die einzelnen Buchstaben stehen für:

Prompte Ausführung: Das Pferd reagiert sofort, wenn es aufgefordert wird.

Erfolgsrate (mind. 80 %): Wenn Ihr Pferd die Übung bei wenigstens acht von zehn Versuchen korrekt ausführt, dann ist dieses Kriterium erfüllt.

Nötige Geschwindigkeit: Sie wollen ein Schulterherein im Arbeitstrab, doch Ihr Pferd geht zwar in der korrekten Haltung, fällt aber immer wieder in den Schritt zurück? Dann üben Sie erst noch etwas weiter, bevor Sie die Anforderungen erhöhen.

Genauigkeit: Ihr Pferd soll die Übung ja am Ende nicht irgendwie machen, sondern genau so, wie Sie sich das vorgestellt haben. Der Haken an diesem Punkt der »PENG«-Liste? Sie müssen ganz genau wissen, was Sie wollen! Ein Trainingsplan hilft hier ungemein.

Generell sollten Sie natürlich immer auch die Trainingssituation im Ganzen im Auge behalten: Wenn Sie schon eine anstrengende Reitstunde

Für gutes Training ist es wichtig, dass man den richtigen Moment erwischt, um Feierabend zu machen

hinter sich hatten, dann ist es besser, nicht noch eine neue Lektion zu beginnen. Die Chance, dass Sie und Ihr Pferd Fehler machen, ist ziemlich groß. So möchte man die Zeit mit seinem Pferd ja nicht beenden.

Und jetzt länger... – Aufbau von Dauer

Auch hier vorweg eine kleine Begriffsdefinition: Dauer kann bedeuten, dass eine Übung für einen bestimmten Zeitraum durchgehalten wird. Also beispielsweise eine ganze Reitbahnrunde Galopp oder fünf Schritte Schulterherein oder zehn Minuten ruhiges Stehen beim Schmied. Dauer kann aber bei bestimmten Aufgaben auch eine gewisse Anzahl an Wiederholungen bedeuten. Das ist ein bisschen Definitionssache. Ich kann sagen: Sechs Mal Spanischer Schritt oder die kurze Bahnseite lang Spanischer Schritt. Bei einer Aufgabe wie dem Springen über Cavaletti denken wir eher an Wiederholungen denn an Dauer. Aber im Prinzip geht es auch hier darum, Dauer aufzubauen, wenn wir uns als Ziel gesetzt haben, sechs Cavaletti im flotten Trab zu meistern, ohne zu patzen. Soweit zur Definition, was alles unter Dauer fallen kann. Nun geht es aber ans Eingemachte, also daran, tatsächlich Dauer zu trainieren. Und das möglichst effizient. Die Grundvoraussetzung, um eine längere Dauer zu verlangen, ist, dass Ihr Pferd die Übung verstanden hat und sie prompt und ordentlich ausführt (siehe »PENG« unter Trainingsschritte). Nehmen wir als Beispiel ruhiges Stehen auf drei Beinen als Vorbereitung für den Besuch des Hufschmieds. Sie beginnen, indem Sie als erstes evaluieren. Das klingt jetzt ziemlich wissenschaftlich, gemeint ist, dass Sie das Bein Ihres Pferdes halten und warten bis es aufhört, ruhig zu stehen. Sagen wir, wir haben es mit einem etwas unruhigen Kandidaten zu tun, der nach vier Sekunden sein Bein zurückfordert. Was haben Sie also bei Ihrer Evaluation gelernt? Sie haben erfahren, dass Ihr Pferd es schafft, sein Bein gut drei Sekunden in der Luft zu halten. Sie haben außerdem erfühlen können, wie es das tut. Legt es sich mit voller Wucht auf ihre Hand oder steht es ausbalanciert da? Ist es insgesamt ruhig oder schaut es in alle Richtungen? Herauszufinden, bei welcher Zeitspanne oder wie vielen Wiederholungen Sie beginnen können, ist wichtig, aber auch, zu überprüfen, ob das Ausgangsverhalten schon so ist, dass Sie darauf wirklich aufbauen können. Ihr Bestreben ist ja ein Pferd, das einige Minuten lang ausbalanciert auf drei Beinen stehen kann. Schaut es ständig wild umher, ist das ein Zeichen dafür, dass sich das Pferd in der aktuellen Situation nicht konzentrieren kann oder will. Zum Beispiel, weil die Umgebung zu ablenkungsreich ist oder seine Motivation fürs Stillhalten zu gering oder eine Mischung aus beidem. Das lässt sich ändern, indem Sie beispielsweise an einem anderen Ort trainieren, sowie häufiger und mit hochwertigerem Futter belohnen. Ist das Ausgangsverhalten also noch nicht so optimal, dann arbeiten Sie erst einmal daran, bevor Sie sich an die Dauer machen. Mehr vom Falschen macht es nämlich bekanntlich nicht besser. Haben Sie also letztlich ein Verhalten, das genau so ist, dass Sie es gerne noch viel länger hätten, dann kann es losgehen: Sie beginnen im grünen Bereich, also in unserem Beispiel mit der Vorbereitung auf den Schmied, bei drei Sekunden. Sie steigern zunächst in sehr kleinen Schritten, um sicher zu gehen, dass Ihr Pferd Erfolg hat und ziemlich sicher alles richtig machen wird. Sie zählen also »einundzwanzig, zweiundzwanzig, dreiundzwanzig, vierund« Click und Futter (wenn Sie mit dem Clicker arbeiten – wenn nicht, dann ist es besonders wichtig, dass Sie Ihr Futter parat haben und schnell füttern können, bevor der Pferdefuß weg ist). Das Bein stellen Sie zunächst erst während oder nach dem Füttern ab.

So steigern Sie die Dauer noch ein bisschen, sagen wir auf fünf Sekunden, dann fangen Sie an, variabel zu werden. Das bedeutet, dass Sie mal nach zwei Sekunden clicken und füttern, mal nach fünf, mal nach sieben, mal nach drei. Insgesamt steigern Sie die Dauer aber langsam. Sie können sich dies ein bisschen wie einen Schieberegler vorstellen, den Sie nicht in einem Zug in eine Richtung schieben, sondern immer mal ein

Mit Training in kleinen Schritten ist stressfreies Hufe geben ein Kinderspiel

Stückchen zurück und dann wieder vor. Dieses variable Schema führt dazu, dass Ihr Pferd lernt, dass es immer wieder auch schon bei weniger Sekunden Futter gibt, und es sich lohnt, stehen zu bleiben. Steigern Sie die Dauer linear, dann lernt das Pferd zwar schnell, dass es um die Dauer geht, verliert aber unter Umständen die Motivation.
Das variable Schema hat noch einen weiteren Vorteil, weswegen wir es Ihnen empfehlen: Haben Sie die Dauer moderat gesteigert und Ihr Pferd ist unaufmerksam und zieht den Huf weg, bevor Sie clicken konnten, dann können Sie es beim nächsten Durchgang einfach etwas länger warten lassen, bevor Sie belohnen. So lernt es, dass es durchaus etwas »kostet«, wenn es sich nicht anstrengt.
Umgekehrt gilt: Macht sich Ihr Pferd besonders gut und schafft es zum Beispiel von zwölf auf fünfzehn Sekunden, dann seien Sie ruhig auch großzügig, und belohnen Sie im nächsten Durchgang schon nach vier Sekunden (normalerweise machen Sie mit Ihrem »Schieberegler« aber keine so großen Sprünge). Ihr Pferd wird überrascht sein und sich freuen. Das gibt Motivation für den nächsten Durchgang.
Prinzipiell gilt für diese Technik: wenig Steigerung, aber stetig. Also die Schritte lieber ein bisschen kleiner wählen, dafür nicht zu viele Wiederholungen mit der gleichen Dauer, sondern zügig etwas mehr verlangen.
Das hat sich bis hierhin ein bisschen nach einem Patentrezept angehört. Als Basis ist diese Technik auch wirklich sinnvoll. In der Praxis ist es aber natürlich oft so, dass wir auch körperlich anstrengende Aufgaben von unseren Pferden verlangen. Hier muss man dann ganz genau hinsehen, was das Pferd tatsächlich schon leisten kann und wo es zu anstrengend wird. Wer es bei anstrengenden Übungen übertreibt und zu viel

fordert, der riskiert, dass die Motivation seines Pferdes nachlässt. Das geht den meisten von uns ja auch so: Ein Fitnesstrainer, der einen lobt und immer ein bisschen mehr antreibt, in dessen Stunde gehen wir gerne wieder – selbst wenn wir am nächsten Tag etwas Muskelkater hatten. Ein Trainer, dessen Anforderungen man nicht erfüllen kann, selbst wenn man sich wirklich anstrengt, auf dessen Trainingsstunde verzichtet man irgendwann gerne. Die Erfolgserlebnisse fehlen einfach, außerdem schmerzen die Muskeln. Wo wir gerade beim Thema Dauer sind, lassen Sie uns noch ein Wort verlieren zu etwas, was in diesem Zusammenhang gerne genannt wird: Langeweile. Langeweile gibt es für Pferde nicht. Pferde können mit der richtigen Motivation sehr lange die gleiche Übung ausführen. Ein Pferd grast beispielsweise stundenlang – das aufgenommene Futter ist dabei seine Belohnung fürs Grasen.

Von unserer Art zu trainieren hängt ab, ob eine Pause für das Pferd Strafe oder Belohnung ist

Mach doch mal ne Pause – wie Pausen wirken

Insbesondere, wenn man noch nicht lange mit dem Pferd zusammen trainiert, sind kurze Trainingseinheiten wichtig. Und zwar vor allem für den Reiter. Wenn man sehr genau sein will und seinem Pferd ein faires und schnelles Feedback geben möchte, dann muss man sich sehr konzentrieren. Fünf Minuten Training am Stück können hier bereits recht lange sein. Je mehr Übung Sie bekommen, desto länger können Sie am Stück trainieren. Aber Pausen haben ja auch etwas Gutes für sich: Das Pferd kann Revue passieren lassen, was gerade passiert ist. Für das Tier ist es ja oftmals überraschend, was wir von ihm wollen. Wir haben einen Trainingsplan im Kopf (im besten Fall auch auf Papier) und wissen genau, was passieren sollte. Unser Pferd hingegen ist eventuell überrascht, wenn es eine Belohnung bekommt, weil es beispielsweise seinen Hals nach links gebogen hat. Es ist nach zwei oder drei Wiederholungen eventuell auch noch gar nicht sicher, dass dieses Verhalten etwas mit der Belohnung zu tun hatte, es probiert wahrscheinlich gerade noch aus, hat aber schon eine Ahnung, wohin der Hase läuft. Bekommt es nun eine Pause, kann uns das im Training helfen, denn das Pferd stellt ja während der Pause nicht auf Knopfdruck das Denken ein. Oftmals geht unseren Vierbeinern beim Durchschnaufen regelrecht ein Licht auf. Dem Mensch gibt die Pause die Möglichkeit, zu prüfen, wo er gerade steht.

Wie liefen die Trainingsschritte? Ist alles super und kann ich mein Kriterium steigern? Oder

macht mein Pferd noch zu viele Fehler und ich sollte etwas verändern? Was kann ich verändern? Habe ich zu viel verlangt? Je nach Übung kann das Verhältnis zwischen Pause und Training variieren. Für Übungen zum Kraftaufbau muss die Lektion zum Beispiel oft wiederholt werden.
Es macht aber keinen Sinn, lange am Stück zu trainieren, hier sind also regelmäßige Pausenintervalle sinnvoll.

Welchen Effekt eine Pause auf das Pferd hat, entscheidet maßgeblich die Art, wie trainiert wird und welche Übung verlangt wird. Denn: Pausen können beides sein – Strafe oder Belohnung. Bei anstrengenden Übungen ist eine Pause immer auch eine Belohnung, egal wie freiwillig und motiviert das Pferd bei der Sache ist. Wenn hauptsächlich mit Strafe gearbeitet wird, ist eine Pause insofern eine Belohnung, da es in dieser Zeit nicht mit Sanktionen für Fehlverhalten rechnen muss. Arbeitet man mit negativer Verstärkung (die Belohnung besteht bei dieser Art des Trainings darin, dass etwas Unangenehmes entfernt wird) ist eine Pause in der Regel auch eine Belohnung. Arbeitet man hingegen mit positiver Verstärkung (das Pferd wird also beispielsweise mit Futter oder Kraulen belohnt), dann ist die Pause per se keine Belohnung, da das Pferd in dieser Zeit keine Möglichkeit mehr hat, sich eine Belohnung zu verdienen. Wenn Pause dann auch noch nur Herumstehen oder -gehen bedeutet, kann dies für manche Pferde durchaus zu Frust führen. Wir kennen das ja von uns selbst: Wenn wir Fernsehen schauen, dann kann die Werbepause ganz willkommen sein, wenn wir uns zum Beispiel gerade ein paar Chips holen wollen. Sitzt man aber ganz gespannt und schaut einen Krimi, dann empfinden wir die Werbung in der Regel eher als Strafe. Wenn man mit seinem Pferd mit positiver Verstärkung arbeitet, dann ist das Pferd meist sehr motiviert und nicht gewillt, eine Pause zu machen. Dann ist es wichtig, dass das Pferd lernt, dass eine Pause keine Strafe ist, sondern sich gut anfühlt. Wenn Sie die Pause immer mit einem Wort ankündigen oder sogar ein kleines Ritual daraus machen, dann kann Ihr Pferd die Pause genießen und sich wirklich entspannen. Es lernt, dass Pause bedeutet, dass es nicht mehr ständig aufmerksam sein muss, sondern einfach entspannen kann.
Versuchen Sie doch mal, die Pause immer gleich zu gestalten: Sagen Sie zum Beispiel »Pause« und kraulen und massieren Sie Ihr Pferd. Sie können sich dafür zunächst auch eine feste Ecke in der Reitbahn reservieren, so dass auch der Ort dazu beiträgt, dass Entspannung einkehrt. Machen Sie das regelmäßig, wird Ihr Pferd immer schneller in den Entspannungsmodus wechseln können und ist nach der kurzen Pause wieder voll bei der Sache.

Beendet man das Training zum richtigen Zeitpunkt sind beide zufrieden und freuen sich aufs nächste Mal

Aufhören wenn's am Schönsten ist

Ob es tatsächlich Sinn macht, dann aufzuhören, wenn Ihr Pferd seine Bestleistung gezeigt hat, hängt wieder davon ab, wie Sie trainieren. Arbeiten Sie mit Strafe und beenden Ihre Trainingseinheit immer dann, wenn Ihr Pferd sich richtig anstrengt, dann wird es sich recht sicher auch in Zukunft anstrengen. Seine Belohnung besteht schließlich darin, dass das Training endet. Arbeiten Sie vorwiegend mit Belohnung und hören immer dann auf, wenn Ihr Pferd seine Sache besonders gut macht, dann kann es passieren, dass es sich künftig weniger anstrengt. Nicht weil es faul ist, sondern weil es dabei lernt, dass es sich keine Belohnungen mehr verdienen kann, nachdem es sich besonders angestrengt hat.
Ganz pauschal gilt, dass das Pferd das Training mit einem guten Gefühl verlassen sollte. In einer absoluten Frustsituation sollte man also möglichst nicht aufhören. So bleibt das Pferd motiviert und freut sich auf die nächste Trainingseinheit.
Selbstverständlich sollten Sie auch dann aufhören, wenn die körperliche Leistungsgrenze erreicht ist.

Dieses Kapitel zeigt wunderbar, wie häufig wir im Umgang mit dem Pferd damit zu tun haben, den richtigen Moment zu erwischen. Sei es beim Reiten, wenn wir unsere Hilfen ganz gezielt einsetzen möchten, im täglichen Umgang und wenn wir unserem Pferd etwas abgewöhnen wollen. Das Schöne daran ist, dass wir unser Timing aktiv verbessern können. Durch gezielte Übungen aber vor allem durch achtsames Wahrnehmen unserer Umgebung und unseres eigenen Handelns.

Übung:

Jonglieren für eine bessere Koordination:
Jonglieren zu lernen ist eine prima Möglichkeit, um die Auge-Hand-Koordination zu schulen. Außerdem kann man wunderbar abschalten, da man sich beim Jonglieren voll und ganz auf die Jonglierbälle konzentrieren muss.

Probleme lösen

Das kennen Sie bestimmt: Sie haben ein Ziel vor Augen, das Sie mit Ihrem Pferd erreichen möchten. Sie haben einen Plan, wie Sie das Training aufbauen wollen, Sie trainieren mit Ihrem Pferd – und es klappt nicht!
In diesem Kapitel werden wir gemeinsam typische Probleme unter die Lupe nehmen und analysieren, ob das Problem darauf zurückzuführen ist, dass das Timing verbesserungswürdig ist. Und natürlich geben wir Ihnen auch mögliche Lösungen an die Hand.
Um die Probleme, die entstanden sind, genau analysieren zu können, müssen wir den Blick schärfen für die Zusammenhänge, die Verhalten entstehen lassen. Dazu erst einmal ein bisschen (hoffentlich nicht zu trockene) Theorie:

Bei der operanten Konditionierung betrachtet man drei Ereignisse, die aufeinander folgen. Für alle Leser, die mit Formeln etwas anfangen können: A:B -> C

A steht dabei für das englische **»Antecedent«**, auf Deutsch, das, was vorausgeht.
In der Trainersprache würden wir dazu Signal sagen, beim Umgang mit Pferden nennen es die meisten Hilfe oder Kommando. Es kann aber auch einfach die Umwelt sein oder irgendein Ereignis, das immer in einem zeitlichen Zusammenhang mit dem gewünschten Verhalten stattfindet.

B steht dabei für das englische **»Behavior«**, auf Deutsch »Verhalten«.

C steht für das englische **»Consequence«,** auf Deutsch die Konsequenz, das kann sowohl eine Strafe als auch eine Belohnung sein. Die Formel bedeutet also, dass A die Voraussetzungen schafft, damit wenn B stattfindet, C passieren wird. Und jetzt noch einmal mit Leben gefüllt: Wenn Sie Ihr Pferd auf der Koppel rufen (A=Signal) und es dann kommt (B=Verhalten), dann geben Sie ihm ein Leckerchen (C= Konsequenz, in diesem Fall eine positive Verstärkung). Oder andersherum: Wenn Sie schnalzen (A) und Ihr Pferd daraufhin anstatt schneller noch langsamer wird (B), strafen Sie es, indem Sie es mit der Gerte antreiben (C).

Der Haflinger hat von der Formel A:B->C zwar vermutlich noch nie gehört, doch auch bei ihm kommt sie zur Anwendung: Das saftig grüne Gras (A) verleitet ihn dazu, sich mit Schwung darauf zu stürzen (B), was dazu führt, dass er tatsächlich ein Maul voll Gras erwischt und sich quasi selbst belohnt (C). Was wird er wohl beim nächsten Spaziergang wieder tun?

Wie Verhalten entsteht

Warum haben viele Reiter trotzdem oft das Gefühl, dass diese Zusammenhänge höchstens für das Erlernen eines Signals eine Rolle spielen? Schließlich drangsalieren sie ja nicht ständig ihr Pferd beim Reiten. Schauen wir uns das am Beispiel der Schenkelhilfe nochmals genauer an. Hat Ihr Pferd die Schenkelhilfe verstanden, bedeutet das, dass es vorwärtsgeht, weil es sonst mit der Gerte touchiert wird. Die Anwesenheit der Gerte oder der Sporen ist also die Bedrohung, die es dazu bringt, weiter auf das Signal zu reagieren, auch wenn Sie beides nicht (mehr) einsetzen! Das Gefühl kennen Sie vielleicht von fest installierten Blitzgeräten im Straßenverkehr: Sie fahren langsam, allein weil der Blitzer da steht, denn Sie wollen lieber nicht ausprobieren, was passiert, wenn Sie schneller fahren ... Wenn Sie testen möchten, welchen Einfluss die Konsequenzen auf ein Verhalten haben, können Sie (in Gedanken) folgendes Experiment durchführen: Reiten Sie vier Wochen lang ohne Gerte und Sporen, schimpfen Sie nicht, wenn etwas nicht klappt, ziehen Sie nie stärker am Zügel, wenn Ihr Pferd nicht nachgibt, drücken Sie nie stärker mit dem Schenkel als Ihre eigentliche Schenkelhilfe vorsieht, machen Sie Erholungspausen alle fünf Minuten unabhängig davon, was Sie gerade eben gefordert haben, und loben Sie Ihr Pferd auch nicht, wenn es etwas richtig macht. Vermeiden Sie also alle Konsequenzen auf das Verhalten Ihres Pferdes. Sie ahnen, worauf wir hinauswollen:
Der Test wird Ihnen zeigen, wie gut Ihr Pferd nach vier Wochen ohne Konsequenzen für das Annehmen bzw. Verweigern Ihrer Hilfen noch reagiert. Verstanden hat es Ihre Hilfen zu Beginn des Tests ja. Für positiv auftrainierte Signale gilt natürlich genau das gleiche. Überprüfen Sie das bei sich selbst: Wie oft gehen Sie noch zu einem Bäcker (Verhalten), wenn es dort keine Brötchen gibt (Verstärker), selbst wenn ein Schild »frische Brötchen« (Signal) draußen steht? Das heißt, wenn Sie möchten, dass eine Verknüpfung zwischen einem Signal und einem Verhalten zuverlässig und stark ist, muss eine Strafe oder Belohnung **jedes Mal** und **sofort** folgen (siehe Kapitel Konsequenz und Konsequenzen).

Der erste Schritt ist, das Verhalten zu deuten und zu benennen, das problematisch ist bzw. das Ihr Pferd nicht ausführt. Der nächste Schritt ist, festzustellen, mit welcher Konsequenz dieses Verhalten bisher verknüpft wurde. Dabei – Sie erinnern sich – zählen nur Konsequenzen, die

Es gibt immer drei Grundvoraussetzungen, die erfüllt sein müssen, damit Ihr Pferd das tut, was Sie von ihm wollen. Es muss
1. verstanden haben, was es tun soll (kleinschrittiger Trainingsplan, gutes Timing),
2. motiviert sein, es zu tun (Stichwort Konsequenzen),
3. körperlich dazu in der Lage sein, es zu tun (Gymnastizierung, Balance, Gesundheit, Kraft ...).
Genau dieses Wissen brauchen Sie, um herauszufinden, ob ein aktuelles Trainingsproblem auf einen Timingfehler zurückzuführen ist. Schauen Sie sich ein Video an, auf dem das problematische Verhalten zu sehen ist oder lassen Sie es vor Ihrem geistigen Auge Revue passieren.

innerhalb der zwei Sekunden nach dem Verhalten erfolgen. Konsequenzen, die später erfolgen, verknüpft Ihr Pferd nicht mehr mit seinem Tun. Im dritten Schritt analysieren Sie, welches die Signale für dieses Verhalten sind oder sein sollen. Wenn Sie in diesen drei Schritten »Logikfehler« finden, so lohnt es sich, herauszufinden, worin diese bestehen. Erfolgt die Konsequenz, allerdings zu früh oder zu spät, liegt ein Timing-Problem vor. Dann kann das Pferd die ihm gestellte Aufgabe nicht verstehen. Es kann Sie auch dann nicht verstehen, wenn ein Trainingsschritt zu groß gewählt ist (siehe Kapitel Tipps fürs praktische Alltagstraining). Erfolgt gar keine Konsequenz oder nicht die, die ein gewünschtes Verhalten verstärken oder ein unerwünschtes Verhalten schwächen würde, so liegt ein Fehler im Aufbau der Aufgabe vor. Ihr Pferd ist in diesem Fall nicht durch die Konsequenzen motiviert, das Verhalten zu zeigen, das Sie gerne von ihm hätten (Punkt 2 der Liste S. 70). Stimmen die Zusammenhänge zwischen den Signalen, dem Verhalten und den Konsequenzen und Sie kommen mit ihrem Training trotzdem nicht voran, ist es sinnvoll, über andere Dinge nachzudenken:
Schauen Sie auf Punkt 3 der Liste: Ist ihr Pferd körperlich in der Lage, das Verhalten überhaupt zu zeigen? Ist es weit genug gymnastiziert? Hat es genug Balance? Hat es genug Kraft? Ist es geschickt genug? Hat es Schmerzen, bei dem was es tut? Ein schönes Bild dafür ist, sich vorzustellen, dass man einem Schwein das Fliegen beibringen möchte. Sie können einen perfekten Trainingsplan haben, Sie lassen immer sofort die richtige Konsequenz folgen, das Schwein hat seine Aufgabe definitiv verstanden, doch Sie werden sich noch so sehr anstrengen können: Ihr Schwein wird nie fliegen lernen!

Einfach, weil Schweine nicht dazu in der Lage sind. Deswegen ist es wichtig auch den Punkt 3 der Liste nicht aus den Augen zu verlieren. Das »fliegende Schwein« soll dabei nur ein Sinnbild dafür sein, das Sie immer wieder daran erinnert, dass ein Problem auch dadurch entstehen könnte, dass Ihr Pferd geistig und körperlich noch nicht ausreichend auf seine Aufgabe vorbereitet wurde. Dann ist die Lösung des Problems, es zu kräftigen, es zu gymnastizieren oder an der Geschicklichkeit oder Ausdauer zu trainieren.

Nur wirklich korrektes Verhalten belohnen

Nehmen wir als Beispiel Hufe geben. Sie möchten Ihrem Jungpferd beibringen, Ihnen seinen Huf ruhig und entspannt zu überlassen. Nehmen wir an, Sie heben den Huf Ihres Pferdes an und loben es mit der Stimme, solange es ihn brav gibt. Fängt es an zu schwanken oder wird zappelig, lassen Sie den Huf los. Auch damit würden Sie Ihr Training bremsen. Sie loben zwar das ruhige Halten, belohnen allerdings auch das Zappeln, indem Sie den Huf loslassen (negative Verstärkung). Beobachten Sie Ihr Pferd genau und reagieren Sie schnell. Am besten wäre es, wenn Sie es schaffen, den Huf wieder abzusetzen, bevor Ihr »Lehrling« unruhig wird. Falls Sie diesen Moment verpasst haben, ist es besser, Sie halten den Huf weiter fest, bis Ihr Youngster sein Bein wieder entspannt. Setzen Sie den Huf dann vorsichtig ab. So belohnen Sie das Entspannen des Beines mit dem Freigeben der Gliedmaße, so dass Ihr Pferd zur Belohnung wieder bequem auf allen Vieren stehen kann.

Was wird tatsächlich (mit)belohnt?

Schauen wir uns in diesem Zusammenhang auch einen »klassischen« Fehler an, der Anfängern beim Clickertraining leicht unterläuft. Sie haben als frisch gebackener Clicker-Fan verinnerlicht, dass der Click ein Versprechen für ein Futterlob ist. Sie möchten gerne trainieren, dass Ihr Pferd am lockeren Strick neben Ihnen geht. Folgerichtig clicken Sie, wenn Ihr Pferd genau das gerade tut. Daraufhin strecken Sie Ihre Hand mit dem Leckerchen aus, um es Ihrem Pferd zu reichen. Legt Ihr Pferd in diesem Moment die Ohren an oder nimmt es das Futter mit den Zähnen statt mit den Lippen und Sie überlassen ihm das Leckerchen trotzdem, belohnen Sie leider genau diese unerwünschten Verhalten mit, obwohl Sie ja eigentlich das brave

Hier werden die angelegten Ohren mitbelohnt

Mitgehen meinten. Passiert dies versehentlich mehrfach, wird Ihr Pferd immer häufiger die Ohren anlegen oder das Futter grob aus Ihrer Hand nehmen. Solch eine Vorgeschichte haben viele Pferde, die scheinbar »zu gierig« für Clickertraining sind. Das unhöfliche Verhalten wurde aus Versehen belohnt. Kennen Sie nun diese Abläufe, wird es Ihnen im Training sicherlich auffallen, falls es passiert.
Was ist nun die Lösung des Problems? Sie ahnen es sicher schon, es geht um die Optimierung des Timings. Sie haben zwei Möglichkeiten, das Problem in den Griff zu bekommen. Entweder schaffen Sie es, so schnell zu füttern, dass Ihr Pferd keine Zeit hat, zwischen dem Click und dem Füttern ein unerwünschtes Verhalten zu zeigen. Oder Sie ziehen Ihre Hand mit dem Leckerchen blitzschnell zurück, wenn Sie bemerken, dass Ihr Pferd die Ohren anlegt oder das Futter mit den Zähnen nehmen möchte. Hierfür braucht es genaue Beobachtung, Erfahrung und schnelle Reaktionen, denn Geschwindigkeit zählt. Sollten Sie mit Ihrem Pferd dieses Problem haben und es alleine nicht

in den Griff bekommen, ist es hilfreich, sich Unterstützung von einem Profi zu holen. Meist bekommt dieser mit seiner größeren Erfahrung und seinen geübteren Reaktionen das Problem schnell gelöst. Ihr Pferd wird ruckzuck herausfinden, dass es die Ohren vorne lassen und die Lippen benutzen muss, um an seine Belohnung zu kommen. Nach einigen Wiederholungen wird es dieses Verhalten zuverlässig zeigen, und Sie können mit dem weiteren Training fortfahren.

Übung:

Den Blick schulen fürs eigene Training: Auch eigene Trainingsvideos sind spannender anzuschauen, als Sie vielleicht dachten. Sie haben keine Zeit oder auch einfach keine Lust, Ihre ganze Trainingseinheit, die Sie auf Video aufgezeichnet haben, komplett anzusehen?
Das ist glücklicherweise auch gar nicht nötig, um etwas von Ihrer Videoaufzeichnung zu haben. Es reicht vollkommen, wenn Sie sich an verschiedenen Stellen immer nur zwei Minuten ansehen – wenn Sie an den Fehlern, die Sie in diesen Sequenzen finden, arbeiten, dann haben Sie schon viel erreicht. Sie werden nämlich merken, dass man immer wieder die gleichen Fehler macht. Die meisten Handys haben mittlerweile recht gute Kameras eingebaut, so dass man gar nicht viel Equipment benötigt. Außerdem gibt es Halterungen fürs Handy, mit dem Sie es auf jedem handelsüblichen kleinen oder großen Stativ befestigen können. Auch ein Stativ gibt es schon für wenige Euro zu kaufen.

Belohnen, ohne belohnen zu wollen

Kennen Sie die Situation, dass der Futterwagen in den Stall geschoben wird und einige Pferde anfangen, mit dem Huf gegen die Boxenwand zu klopfen?
Warum tun diese Pferde das? Vermutlich haben sie es irgendwann einmal angefangen, weil es ein natürliches Verhalten eines Pferdes ist, mit dem Huf zu scharren, um an Futter zu kommen. Wildpferde müssen im Winter den Schnee zur Seite scharren, damit sie noch Gras finden können. Und warum zeigen die Pferde in der Box dieses Verhalten immer wieder? Da üblicherweise beim Füttern nicht darauf geachtet wird, was das Pferd für ein Verhalten zeigt, bevor ihm das Kraftfutter in den Trog geschüttet wird, wird bei diesen Pferden immer wieder das Scharren belohnt. Dadurch wird es immer häufiger und langanhaltender Scharren und dabei auch gegen die Boxenwand klopfen. In vielen Ställen werden diese unruhigen und klopfenden Pferde auch noch als erstes gefüttert, damit sie möglichst wenig klopfen. Auch hier liegt ein Timing-Problem vor, hervorgerufen durch den Routine-Ablauf des täglichen Fütterns. Würde ein scharrendes Pferd konsequent nicht gefüttert werden, solange es klopft, und dafür prompt Futter im Trog landen, wenn es alle vier Füße am Boden hat und ruhig steht, wäre meist innerhalb von kurzer Zeit beim Auftauchen des Futterwagens Ruhe im Stall.

Belohnung für das falsche Verhalten

Sicherlich kennen Sie auch Pferde, die beim Tierarzt oder beim Schmied herumzappeln und sich nicht ruhig beschlagen oder behandeln lassen. Häufig entsteht dieses Problem, wenn die Pferde schlechte Erfahrungen gemacht haben oder nicht auf diese Situation vorbereitet wurden. Immer wieder kann man aber auch beobachten, dass dieses Problem entsteht, weil Futter in einem ungünstigen Zeitpunkt ins Spiel kommt. Solange das Pferd ruhig steht, wird es einfach am Strick festgehalten. Fängt es an zu zappeln oder unruhig zu werden, greifen einige Besitzer in die Jackentasche und ziehen ein Leckerchen hervor, um das Pferd von der unangenehmen Prozedur »abzulenken«. Die Idee ist nachvollziehbar, leider verschlimmert sich das Problem des Herumzappelns, wenn das Timing nicht stimmt. Würde der Pferdehalter das Leckerchen schon bereithalten und das Pferd ablenken, bevor es anfängt, unruhig zu werden, das heißt, solange es schön ruhig steht oder sogar, bevor der Tierarzt oder der Schmied das Pferd anfasst, würde dadurch das gelassene Verhalten des Pferdes belohnt werden. Kommt

Mit dem richtigen Timing ist auch der Tierarztbesuch kein Problem mehr. Dieser Patient ist entspannt und verknüpft die Spritze des Tierarztes mit seiner Belohnung

der Griff in die Tasche allerdings zu einem Zeitpunkt, in dem das Pferd unruhig ist, wird das Zappeln verstärkt! Dann ist das Problem hausgemacht und kann durch Umstellen des Zeitpunkts der Präsentation des Futters schnell behoben werden.

Als weiteres ausführliches Praxisbeispiel nehmen wir das Verladetraining, für welches wir in Kapitel 1 (Seite 16ff) ja bereits einen Trainingsplan für die Vorübungen ausgearbeitet haben: Beim Verlade-Training gibt es nämlich gleich drei Probleme, die immer wieder auftreten:

1. Das Pferd steigt nicht ein.
2. Das Pferd bleibt nicht im Hänger stehen.
3. Das Pferd ist beim Anhalten unruhig und rennt nach dem Öffnen des Hängers überstürzt rückwärts heraus.

Zu Punkt 1: Das Pferd steigt nicht ein.
Haben Sie ein Pferd, das gar nicht erst in den Hänger einsteigt? Dafür gibt es zwei unterschiedliche Gründe, von denen meistens einer oder beide zutreffen. Ihr Pferd hat entweder Angst vor dem Hänger oder es hat die Aufgabe nicht verstanden. Wenn Ihr Pferd Angst hat, besteht das Training vor allem darin, die verschiedenen Angst einflößenden Reize einzeln zu trainieren, bis Ihr Pferd die Situation gelassen meistert. Kann Ihr Pferd entspannt durch einen Engpass gehen, über einen ungewohnten Untergrund schreiten, bleibt gelassen, wenn sich über und neben ihm eine Plane befindet, und schreckt nicht mehr zurück, wenn seine Hufe auf einem Brett Geräusche verursachen, so wird es vermutlich in Zukunft auch angstfrei in den Hänger gehen.
Auch wenn es seltsam klingt, tatsächlich sieht man immer wieder Pferde, die nicht verstanden

Diese Situation haben die meisten Pferdebesitzer schon mindestens einmal erlebt: Das Pferd steht auf der Rampe und bewegt sich keinen Millimeter mehr

haben, dass sie in den Hänger gehen sollen. Natürlich haben sie ein bisschen »Bedenken« hineinzugehen, aber nicht wirklich Angst.
Hier kommt manchmal ein Timing-Problem zum Tragen: Um in den Hänger zu gehen, muss Ihr Pferd sich vorwärtsbewegen. Das heißt, dass das gewünschte Verhalten »vorwärtsgehen« ist. Schauen Sie einmal genau hin, belohnen Sie tatsächlich immer das Vorwärtsgehen oder bestrafen Sie das Stehenbleiben?
Manchmal geschieht versehentlich das Gegenteil. Das Pferd wird mit der Gerte, dem Besen oder dem Seil angetrieben, damit es vorwärtsgeht. Wenn es dann aber in Bewegung ist, wird weiter touchiert oder mit Seil oder Besen gedroht.
Das heißt, das Vorwärtsgehen wird bestraft! Den gleichen Effekt haben Sie, wenn Sie an einem Halfter mit eingeschnallter Kette ziehen und damit nicht aufhören, wenn Ihr Pferd sich in Bewegung gesetzt hat. Ihr Pferd lernt dann, dass es nicht vorwärtsgehen soll!

Dieser Wallach bekommt seine Belohnung, während er noch in Bewegung ist

Umgekehrt passiert bei einem Verladetraining, das auf positiver Verstärkung aufbaut, manchmal etwas Ähnliches. Das Pferd folgt Ihnen auf die Rampe und bleibt dort stehen. Um es weiter zu locken, holen Sie nun die Karotten aus der Tasche. In diesem Moment haben Sie versehentlich das Stehenbleiben belohnt, selbst wenn Sie Ihrem Pferd die Karotte nicht sofort geben. Alleine, dass das Futter auftaucht, ist für viele Pferde schon ein Verstärker.
Oder Sie nehmen sich vor zu clicken, wenn Ihr Pferd mit beiden Vorderfüßen im Hänger ist. Meistens liegt dann der Fokus so sehr auf den beiden Vorderhufen, dass gerne übersehen wird, dass das Pferd in diesem Moment nicht mehr vorwärtsgeht, sondern stehenbleibt. Damit verstärken Sie wiederum das Stehenbleiben. Und wenn Sie es nun auch noch an genau derselben Stelle füttern, ist es gleich zweimal in einem Durchgang für das Stehenbleiben belohnt worden! Ihr Pferd lernt also, dass es an dieser Stelle stehenbleiben soll. Und das wollten Sie ihm ja nun gerade nicht beibringen!
Die Lösung liegt auf der Hand: Clicken und belohnen Sie Ihr Pferd solange es in Bewegung ist, bzw. hören Sie mit dem Vorwärtstreiben auf, wenn Ihr Pferd sich in Bewegung gesetzt hat.

Häufig ist man sich dieser Problematik in der Trainingssituation nicht bewusst. Deswegen kann es hilfreich sein, wenn das Training einmal stockt und man nicht vorankommt, das eigene Training zu filmen und es sich zuhause in Ruhe in Bezug auf etwaige Fehler anzuschauen. Überlegen Sie sich im Training – am besten schon vorher, spätestens aber natürlich, wenn Sie auf der Stelle treten: In welchem Moment erfolgt welche Konsequenz auf welches Verhalten? Was macht Ihr Pferd **direkt bevor** Sie es belohnen oder bestrafen?

Zu Punkt 2: Das Pferd bleibt nicht im Hänger stehen.
Die meisten Pferde, die zwar in den Hänger gehen, dann aber sofort wieder rückwärts herausrennen, sind so gut trainiert, dass sie die Aufgabe verstanden haben, haben aber Angst davor, im Hänger zu sein oder gefahren zu werden. Auch hier gilt es, die Herausforderungen des Hängerfahrens in kleinen Schritten zu trainieren und langsam zu steigern, damit Ihr Pferd die Angst verliert.
Sollte Ihr Training trotzdem stagnieren, überprüfen Sie genau, ob Sie durch einen Fehler im Timing womöglich das ruhige Stehen im Hänger bestrafen oder das Herumzappeln belohnen.

Zu Punkt 3: Das Pferd ist beim Anhalten unruhig und rennt nach dem Öffnen des Hängers überstürzt rückwärts heraus.
Auch hier gibt es die beiden bekannten Möglichkeiten: Ihr Pferd hat Angst im Hänger oder kennt die Technik nicht, um langsam die Hängerklappe rückwärts herunterzugehen. Dann gilt es, genau dies in kleinen Schritten zu üben, bevor es ans tatsächliche Training auf der Hängerrampe geht. Lassen Sie es rückwärts zwischen zwei am Boden liegende Stangen einfädeln, über eine Stange treten oder über ein Brett gehen. Richten Sie es rückwärts einen kleinen Abhang oder eine Böschung hinunter. Beherrscht es all diese Übungen und möchte trotzdem sofort rückwärts aus dem Hänger schießen, wenn Sie die Stange öffnen, macht es Sinn, das Timing zu überprüfen. Viele Pferdehalter, die Pferde mit Verladeproblemen haben, möchten ihren Freizeitpartner bei der Ankunft mit dem Hänger schnell aus dieser für ihn unangenehmen Situation befreien. Deswegen öffnen sie die Hängerklappe und lassen ihr Pferd aussteigen und achten dabei versehentlich nicht darauf, was ihr Pferd gerade tut, wenn sie die Klappe öffnen. Ist das Pferd

Üben Sie in Vorbereitung auf das eigentliche Hängertraining, mit Ihrem Pferd auch geradeaus rückwärts zu gehen

wegen seiner Erwartung herauszukommen unruhig und tritt von einem Bein aufs andere, wenn die Klappe geöffnet wird, verstärkt man dadurch die Unruhe und das Herumzappeln. Besser wäre es zu warten, bis das Pferd ruhig und entspannt steht, und dann die Klappe zu öffnen. Zum einen belohnt man damit das ruhige Abwarten, zum anderen vermindert sich dadurch die Erwartungshaltung des Pferdes, dass es immer direkt nach der Ankunft ausgeladen wird. Damit beugen Sie auch vor, dass Ihr Pferd an einer Ampel, beim Tanken oder in einem Stau unruhig wird, weil es glaubt, dass Sie angekommen sind.

Schenkelgehorsam

Beim Reiten ist es häufig einfacher, da ist uns meist schon eher bewusst, dass wir die Pferde gerade trainieren. Lassen Sie uns gemeinsam den Schenkelgehorsam unter die Lupe nehmen. Immer wieder gibt es Pferde, die nicht oder nicht auf die gewünschte Art und Weise auf die Einwirkung des Beins reagieren. Sie reagieren zäh, verspätet oder überhaupt nicht. Was ist geschehen? Meistens wird beim Trainieren des Schenkelgehorsams mit positiver Strafe gearbeitet. Das junge Pferd weiß erst mal nicht, was der Schenkel zu bedeuten hat. Häufig sieht das Training dann so aus, dass der Reiter das Jungpferd mit dem Schenkel berührt. Das Pferd geht dabei an der Longe. Direkt danach treibt der Longenführer den Youngster mit der Longierpeitsche vorwärts. Das Antreiben mit der Longierpeitsche ist ein Signal, das das junge Pferd schon kennengelernt hat. Nach einigen Wiederholungen lernt das Pferd dadurch, schon auf das Anlegen des Schenkels zu reagieren. Das Vorwärtstreiben mit der Peitsche ist dann nicht mehr nötig. Schon in dieser Phase können bei unerfahrenen Ausbildern die ersten Probleme und Missverständnisse entstehen. Spricht sich der Reiter nicht ausreichend mit dem Longenführer ab, treibt dieser das Pferd nach der Einwirkung durch den Schenkel zu spät oder gar nicht. Die Verknüpfung von »Schenkel = vorwärts« wird dadurch vom Pferd schwerer hergestellt. Später, wenn es der Reiter selbst ist, der nach dem Anlegen des Schenkels das Pferd mit der Gerte touchiert, wenn es nicht reagiert hat, ist keine Absprache mit einer zweiten Person mehr nötig. Das vereinfacht den Aufbau des Schenkelgehorsam aus dem Sattel schon einmal sehr.
Was aber tun, wenn Sie nun ein Pferd haben, das nicht auf die gewünschte Art und Weise reagiert?
Wenn Sie verstehen, wie solch ein »Missverständnis« zwischen Reiter und Pferd entsteht, haben Sie das Handwerkszeug in der Tasche, um dieses Problem zu lösen.
Wenn das Pferd nicht auf den Schenkel reagiert hat, wiederholt der Reiter häufig die Schenkelhilfe. Nun gibt es zwei Möglichkeiten:

Möglichkeit 1: Das Pferd reagiert auf das wiederholte Anlegen des Schenkels. Das heißt, dass das wiederholte Anlegen des Schenkels das Signal für das Pferd wird, vorwärts zu gehen. Das Pferd lernt quasi: »Ah, erst wenn sie mich dreimal mit dem Bein berührt hat, soll ich schneller werden!« Warum lernt das Pferd dies? Wenn es schneller wird, hört der Reiter auf, mit dem Schenkel zu treiben: das Schnellerwerden wird negativ verstärkt. Das war sicherlich nicht das, was der Reiter als Trainingsziel vorgesehen hatte.

Möglichkeit 2: Das Pferd reagiert auch nicht auf das wiederholte Anlegen, woraufhin der Reiter den Schenkel verstärkt gegen den Bauch drückt oder klopft. Wenn das Pferd nun reagiert und der Reiter daraufhin aufhört, zu klopfen oder zu drücken, lernt das Pferd: »Ah, wenn sie drückt oder klopft, soll ich schneller werden!« Auch hier wird das Pferd negativ belohnt, wenn es schneller geht, da das Klopfen oder Drücken aufhört. Auch das ist nicht das, was der Reiter sich vorgestellt hat. Ein klassisches Timing-Problem, welches Sie mit dem Wissen über die Lerntheorie und dem gelungenen Einsatz von perfektem Timing vermutlich leicht lösen können.

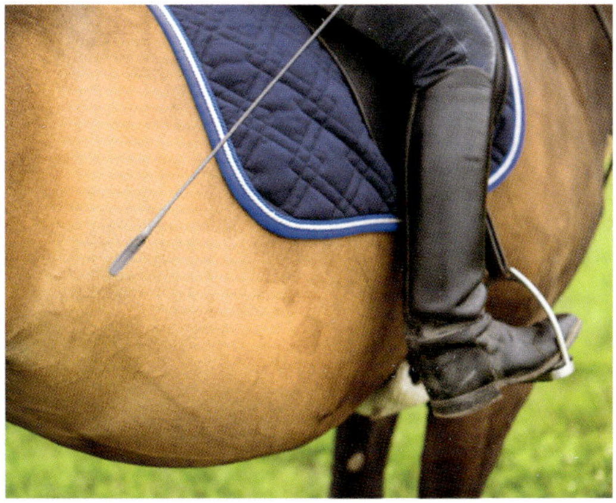

Schenkelgehorsam lernen die meisten Pferde durch den Einsatz von positiver Strafe

Was wir möchten ist ja, dass das Pferd prompt, das heißt schnell und zuverlässig, jedes Mal auf die leichte Schenkelhilfe reagiert. Also brauchen Sie eine starke Verknüpfung von »Schenkel= vorwärts«, sonst folgt eine Strafe. Sie müssen jedes (!) Mal, wenn Sie eine leichte Schenkelhilfe geben, und Ihr Pferd nicht sofort zufriedenstellend darauf reagiert, eine Konsequenz folgen lassen.

Diese muss ausreichend stark und prompt (am besten innerhalb 0,5–2 Sekunden) erfolgen, das heißt, das Nichtbefolgen des Schenkelsignals müsste jedes Mal mit einem Hieb durch die Gerte bestraft werden – vorausgesetzt Sie möchten mit Strafe arbeiten. Sie wiederholen die Schenkelhilfe nicht, nachdem sie nicht befolgt wurde, und Sie verstärken sie auch nicht, Sie reagieren einfach blitzschnell, wenn die Reaktion Ihres Pferdes nicht die war, die Sie sich wünschen. Sie werden sehr schnell ein Pferd haben, dass bei leichtem Anlegen des Schenkels die gewünschte Reaktion zeigt. Wenn Sie tatsächlich so trainieren möchten, bleiben Sie dabei aber bitte fair! Schenkel anlegen heißt ja nicht immer »vorwärts«, für dieses Beispiel haben wir nur diese eine Bedeutung des Schenkels verwendet. Möchten Sie, dass Ihr Schenkel auch seitwärts treibend oder verwahrend vom Pferd verstanden wird, müssen Sie sicherstellen, dass Ihr Pferd die unterschiedlichen Schenkelhilfen und ihre Bedeutung auch sicher richtig zuordnen kann, bevor Sie das Nichtbefolgen mit dem Einsatz der Gerte bestrafen! Und Sie müssen sich sicher sein, dass Sie die Hilfe völlig korrekt gegeben haben, denn sonst wird Ihr Pferd dafür bestraft, dass es ein Signal nicht korrekt ausgeführt hat, welches nicht eindeutig zu erkennen war. Sie sehen: Für den Einsatz von Strafe sollte man genau wissen, was man tut. Das gilt zwar prinzipiell für alle Trainingsmethoden, doch hier noch etwas mehr!

Schenkelgehorsam mit positiver Belohnung?

Jetzt runzeln Sie vielleicht die Stirn und denken sich, dass Sie die weiter vorne beschriebenen beziehungsschädigenden Nebenwirkungen der

Das Pferd bekommt von der Reiterin sein Leckerchen, nachdem es wie gewünscht auf den Schenkel reagiert hat

positiven Strafe aber nicht in Kauf nehmen wollen. Sie möchten Ihr junges Pferd weder mit der Peitsche bedrohen, noch ihm mit der Gerte Schmerzen bereiten, wenn es nicht auf die Schenkelhilfe reagiert? Sie fragen sich daher, wie man die prompte Reaktion auf den Schenkel mit positiver Belohnung aufbauen kann? Das geht sowohl vom Boden als auch aus dem Sattel, sowohl bei einem Jungpferd als auch bei einem Korrekturpferd. Kennt Ihr Pferd noch gar kein Signal, um anzutreten, können Sie es mit einem Futtereimer, der von einem Helfer präsentiert wird, animieren, loszulaufen. Als Signal legen Sie das Bein oder die Hand (wenn Sie vom Boden aus arbeiten) an die entsprechende Stelle hinter den Gurt. Startet ihr Pferd daraufhin Richtung Futtereimer, clicken und belohnen Sie es fürs Antreten. Haben Sie schon ein anderes Signal fürs Losgehen, können Sie das Schenkelanlegen einfach ca 0,5–1 Sekunde vor dem bekannten Signal geben und wiederum fürs Starten belohnen. Ihr Pferd verknüpft dann die beiden Signale und wird nach einiger Zeit schon beim Anlegen des Schenkels oder der Hand antreten. Möchten Sie ein schenkelstumpfes Pferd mit positiver Versärkung umtrainieren, machen Sie logischerweise das gleiche wie bei der positiven Strafe, nur umgekehrt.

Immer wenn Ihr Pferd schön reagiert, clicken und belohnen Sie es. Kommt keine prompte Beschleunigung auf Ihre Schenkelhilfe, kann sich Ihr Pferd nichts verdienen. Auch hier ist es entscheidend, das Signal nicht mehrfach zu wiederholen oder gar stärker werden zu lassen.

Nachgeben fürs Nachgeben

Ein weiteres typisches Problem vieler Reiter ist die fehlende Bereitschaft ihres Pferdes, beim Aufnehmen der Zügel im Genick nachzugeben. Das kann viele Ursachen haben. Ein unpassendes Gebiss, eine nicht ausreichende Gymnastizierung, Zahnprobleme oder auch eine harte Hand des Reiters. Eventuell ist es aber auch ein Timing-Problem, weswegen das Pferd die Zügelhilfe nicht versteht. Gewünscht wäre die Reihenfolge: Zügelzug – Nachgeben des Pferdes. Was veranlasst das gut ausgebildete Pferd dazu, auf die Zügelhilfe nachzugeben? Wieso hat das noch nicht so gut ausgebildete Pferd es so nicht verstanden? Das Verhalten, das wir betrachten wollen, ist das Nachgeben. Also müssen Sie dieses Verhalten entweder belohnen (oder das Nichtbefolgen bestrafen). Was meinen Sie, wodurch wird dieses Verhalten üblicherweise belohnt? Richtig: Dadurch, dass danach der Zügel wieder nachgegeben wird. Dabei handelt es sich um eine negative Verstärkung.
Und hier haben wir im Umkehrschluss auch schon einen häufigen Fehler, wegen welchem das Pferd die Hilfe nicht versteht. Wenn der Reiter, nachdem das Pferd auf den Zügelzug nachgegeben hat, versehentlich nicht prompt seinerseits den Zügel minimal nachgibt, sondern noch etwas weiter zieht, wird das Pferd nicht für das Nachgeben belohnt! Das kann sowohl aus Unachtsamkeit oder aus Unwissenheit passieren oder einer unruhigen Hand geschuldet sein.
Von außen ist das nur mit etwas Übung zu erkennen, da es sich um Millimeter handelt. Es ist mehr ein Gefühl in der Hand als ein sichtbarer Unterschied. Für das Pferd ist dieser Millimeter als Information allerdings entscheidend!
Die Lösung des Problems sieht also wie folgt aus: Sie nehmen die Zügel minimal (ca. 1 cm) kürzer, als das Pferd seinen Kopf in diesem Moment schon hält. Sobald Ihr Pferd auf diesen winzigen Zügelzug nachgibt, geben auch Sie **sofort** minimal nach. Kurz darauf wiederholen

Die Schimmelstute hat die Zügelhilfe verstanden und ihre Genickmuskulatur entspannt

Übung:

Sich einen Profi leisten:
Zugegeben, das ist jetzt kein besonders kreativer oder neuartiger Tipp, doch immer mal wieder eine Reitstunde bei einem guten Trainer zu nehmen, lohnt sich. Mit Profi-Unterstützung kann man sehr fein an Dingen arbeiten, die ein gutes Timing fordern. Gibt uns jemand mit mehr Erfahrung genau im richtigen Moment beispielsweise die Anweisung, die Zügelhilfe nachzulassen, so kann das unsere Lernfortschritte enorm verbessern.

Sie die Übung. Wenn dies mit minimalem Zügelzug funktioniert, können Sie Schritt für Schritt ein wenig mehr von Ihrem Pferd verlangen. Anstatt Ihr Pferd zu fragen, ob es 1 cm nachgeben kann, fragen Sie es, ob es auch 2 cm nachgeben kann. Und auch hier geben Sie selbstverständlich prompt nach, wenn Ihr Pferd auf die Hilfe reagiert. So steigern Sie peu à peu die Strecke, die Ihr Pferd nachgeben soll, wenn Sie die Zügel entsprechend verkürzen. Hat Ihr Pferd die Aufgabe verstanden, sollte das sehr schnell gehen. Klappt es bis zu einem gewissen Punkt, danach aber nicht mehr, überprüfen Sie bitte, ob Ihr Pferd ausreichend gymnastiziert ist, um sich bei dieser Zügellänge problemlos frei vorwärts zu bewegen. Und was tun Sie, wenn das Pferd nicht nachgibt? Vor allem ist es wichtig, dass Sie dann eben nicht Ihrerseits nachgeben. Sie können entweder den gleichen Druck halten und warten, dass Ihr Pferd irgendwann doch nachgibt. Oder Sie können den Druck im Maulwinkel steigern, bis Ihr Pferd seine Muskulatur entspannt.
Dann sofort nachgeben! Welche Technik Sie wählen, hängt vor allem davon ab, welche Vorerfahrungen Ihr Pferd schon hat. Ist das Pferd es gewohnt, dauerhaft mit starker Anlehnung geritten zu werden, wie beispielsweise viele Schulpferde, kann es sinnvoll sein, den Druck schneller zu steigern, um bei einer Reaktion nachzulassen. Haben Sie den Eindruck, dass das Pferd meist zuverlässig mit leichter Anlehnung gehen kann, gerade aber ein Balance- oder Gymnastizierungsproblem hat, können Sie auch den Zug eine Weile auf gleichem Niveau halten und abwarten, bis Ihr Pferd nachgibt. Je mehr Sie den Zug verstärken, desto mehr arbeiten Sie mit positiver Strafe (Emotion Angst). Je mehr Sie abwarten und nachgeben, wenn Ihr Pferd nachgibt, desto mehr arbeiten Sie mit negativer Verstärkung (Emotion Erleichterung).
Sicherlich überlegen Sie jetzt, wie Sie solch ein Problem mit Hilfe der positiven Verstärkung lösen können? Welches Verhalten möchten Sie haben? Das Nachgeben! Also gilt es das zu bekommen und zu verstärken. Nehmen Sie (anfangs wieder im Stand) die Zügel gerade soweit auf, dass Sie Kontakt haben. Es soll für Ihr Pferd nicht unangenehm sein. Wenn es nun minimal nachgibt, clicken und belohnen Sie es. Füttern Sie es dabei in der Richtung, in die es mit seinem Maul beim Nachgeben gehen soll. Dadurch helfen Sie ihm, das nächste Mal noch schneller auf die richtige Idee zu kommen, da es ja das Leckerchen in dieser Richtung erwartet.
Gibt Ihr Pferd nicht nach, lassen Sie die Zügel los und starten kurz darauf von Neuem. Nach ein paar geglückten Wiederholungen wird Ihr Pferd schnell lernen, beim Aufnehmen der Zügel seine angespannten Muskeln zu entspannen.
Kommt Ihr Lehrling gar nicht auf die Idee, seinen Kopf auch nur einen Millimeter in die gewünschte Richtung zu bewegen, können Sie ihm ein paarmal helfen, indem Sie das Pferdemaul nach dem Aufnehmen der Zügel mit einem Leckerchen in die richtige Richtung locken. Danach sollte es auch ohne Locken auf die zündende Idee kommen, wie es an die begehrte Belohnung kommt.

Qualmt Ihr Kopf jetzt? Scheint es Ihnen wie eine verkehrte Welt? Wie gesagt, Pferde lernen durch jede Form der Konsequenz gleich gut. Sie haben die Wahl, wie Sie arbeiten möchten, mit allen Vor- und Nachteilen, die die verschiedenen Konsequenzen mit sich bringen.

Timing bei der **Bodenarbeit** und beim **Reiten**

Warum sieht bei manchen Trainern die Freiarbeit so aus, als könnten die Pferde ihre Gedanken lesen? Und warum gelingen erfahrenen Reitern mit dem gleichen Pferd schwierige Lektionen scheinbar mühelos, an denen sich ein Anfänger selbst bei einfachen Aufgaben die Zähne ausbeißt? Das Geheimnis der Profis hat häufig etwas mit hervorragendem Timing zu tun. Sie erkennen und erfühlen den perfekten Moment, um eine Hilfe zu geben oder um durch eine Körperbewegung das Pferd zu einer Reaktion zu veranlassen. Wir gehen in diesem Kapitel näher darauf ein und haben ein paar Übungen für Sie zusammengestellt.

Doch was ist für ein richtig gutes Timing nötig?

Wie bereits im Kapitel Tipps fürs praktische Alltagstraining (Seite 56) besprochen, ist der wichtigste Schritt, genau das Verhalten des Pferdes beobachten zu können, auf das man reagieren möchte. Solange Sie nicht zuverlässig erkennen können, ob Ihr Pferd das tut, was Sie wollen, können Sie auch nicht zuverlässig darauf reagieren. Das klingt vielleicht im ersten Moment etwas seltsam, tatsächlich »hakt« es aber häufig genau an dieser Stelle. Bei der Bodenarbeit mit Ihrem Pferd gibt es sehr viele Dinge, die Sie beobachten können müssen, um präzise auf Ihr Pferd einwirken zu können. Dabei ist es unerheblich, ob Sie longieren, Ihr Pferd führen, Freiarbeit machen, es im Round Pen laufen lassen, Dualaktivierung oder Langzügel-Arbeit machen.
In jedem Fall ist es wichtig, dass Sie Ihr Pferd genau beobachten und seine Bewegungsabläufe kennen. Sie müssen lernen zu sehen, ob Ihr Pferd sich korrekt biegt und wie es um eine

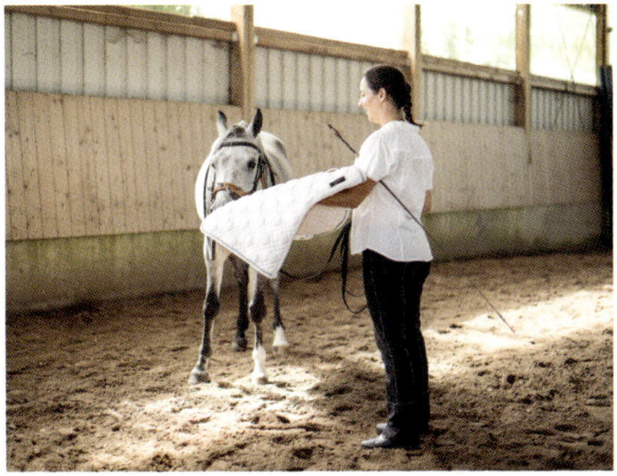

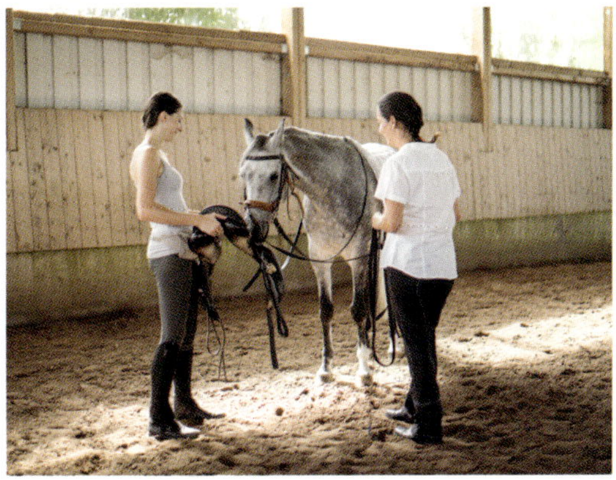

Beim Anreiten junger Pferde braucht es ein gutes Gefühl für das richtige Timing: Wann ist der Moment gekommen, um zum ersten Mal einen Sattel aufzulegen, wann akzeptiert das Pferd einen Menschen auf seinem Rücken, ...

Kurve läuft. Können Sie sehen, welche Seite die hohle Seite Ihres Pferdes ist? Wissen Sie, mit welchem Bein Ihr Pferd sich beim Durchparieren am liebsten abstützt? Können Sie erkennen, wann Ihr Pferd seine Bauchmuskeln anspannt und den Rücken aufwölbt? Es gibt viele Möglichkeiten, das zu üben. Sie können sich beispielsweise im Unterricht mit einem erfahrenen Trainer Feedback darüber geben lassen, ob Sie beim Longieren immer im richtigen Moment die Schulter Ihres Pferdes wieder nach außen treiben, wenn es sie nach innen drückt. Sie können sich aber auch an den Rand der Reitbahn stellen und andere beim Longieren beobachten. Wann treiben Sie die Schulter heraus? Hätten Sie es in diesem Moment auch getan? Oder Sie schauen sich mit einer Stallkollegin Videos an, auf welchem entsprechende Sequenzen zu sehen sind und besprechen gemeinsam, wann sich das Pferd korrekt biegt und wann nicht. Gerade Videoaufnahmen sind eine wunderbare Möglichkeit, um Bewegungsabläufe kennen und sehen zu lernen. Sie können bei Bedarf den Film auch in Zeitlupe anschauen, so dass Sie jedes Detail erkennen können. Zu einigen Themen gibt es inzwischen auch spannende Onlinekurse oder YouTube-Videos, ein bisschen stöbern lohnt sich häufig.

Bewegungsabläufe erkennen

Sowohl für die Arbeit am Boden als auch fürs Reiten sollten Sie die verschiedenen Phasen des Vorführens des Hufes kennen. Möchten Sie beispielsweise Ihr Pferd im Schritt zu einem fleißigeren Untertreten anregen, ist es optimal, wenn Sie das Hinterbein in dem Moment antreiben, in dem es vom Boden abfußt. Dazu

An der Longe kann man gut die Bewegungsabläufe der Beine beobachten

braucht es ein bisschen Übung. Jeder Huf des Pferdes beschreibt beim Vorwärtsgehen eine Bewegung, die sich in vier Phasen aufgliedern lässt. Der Huf fußt ab, ist in der Luft, setzt auf und ist am Boden.

Weiterhin ist es sehr hilfreich, wenn Sie die jeweiligen Fußfolgen der Grundgangarten aus dem Effeff beherrschen. In welcher Reihenfolge bewegen sich die Füße im Schritt vorwärts? Wie viele Hufe berühren gleichzeitig den Boden? Welcher Huf wird als nächstes den Boden verlassen? Auch hier können Sie zur Übung Videos in Zeitlupe, schematische Zeichnungen und Fotos nutzen. Sie sollten mit einem kurzen Blick sagen können, ob ein Pferd im Rechts- oder im Linksgalopp ist und ob ein Reiter auf dem richtigen Fuß leicht trabt. Wenn Sie dies fleißig üben, wird sich schnell Erfolg einstellen. Sie werden erkennen, ob Ihr Pferd sich flüssig und gleichmäßig vorwärts bewegt und punktgenau handeln können, um korrigierend in die Bewegung einzugreifen. Einer der Punkte, die das Training von Pferden so komplex und spannend macht ist, dass Pferde groß und ihre Bewegungsabläufe vielfältig sind. Viele Teile des Pferdekörpers bedürfen Aufmerksamkeit und müssen gleichzeitig beobachtet

Übung:

Fühlen von oben:
Für diese Übung sollten Sie möglichst einen Helfer haben. Sie sitzen auf Ihrem Pferd – gerne zu Beginn ohne Sattel – und sagen immer dann »jetzt« oder »ja« oder was Sie mögen, wenn das innere Hinterbein abfußt, sich also gerade vom Boden abdrückt. Der Helfer sagt Ihnen, ob Sie richtig liegen. Das Ganze können Sie dann noch mit »Bein ist in der Luft«, »Huf fußt auf« und »Huf ist am Boden« wiederholen. Klappt das für jedes Bein? Glückwunsch, das hilft Ihnen, um künftig wirklich im genau richtigen Moment die treibende Hilfe mit dem Bein zu geben. Sprich, wenn das Bein gerade abfußt und sich durch die treibende Hilfe noch zu einem raumgreifenderen Schritt animieren lässt. Auch Taktunreinheiten und Kurz-lang-Treten lernen Sie mit dieser Übung zu erkennen und prompt darauf zu reagieren.

werden. Der gleichmäßige Ablauf der Beine alleine reicht ja noch nicht aus, damit Ihr Pferd sich korrekt vorwärtsbewegt. Gleichzeitig brauchen Sie auch noch einen Blick für die Kopfhaltung, die Haltung des Halses und des Rückens. Hat Ihr Pferd die Nasenlinie vor der Senkrechten? Geht es in einer schönen Dehnungs-Haltung oder Aufrichtung? Hat es seinen Rücken aufgewölbt? Ist es korrekt gestellt und gebogen? All dies gilt es gleichzeitig zu erfassen und darauf zu reagieren. Haben Sie die Phasen des Abfußens und die Fußfolge verinnerlicht, können Sie sich systematisch den anderen Körperteilen widmen. Auch hier wird es Ihnen sicherlich mit etwas Übung schnell gelingen, Abweichungen von dem, was Sie sich wünschen, auf einen Blick zu erkennen. Noch wandert der Blick dabei von einer Körperstelle zur anderen, jetzt gilt es, mehrere Körperteile gleichzeitig im Auge zu behalten. Nehmen Sie sich zunächst zwei Bereiche des Körpers auf einmal vor, beispielsweise den Kopf und den Hals.
Gelingt es Ihnen, auf einen Blick zu erfassen, ob sich beide in der von Ihnen gewünschten Position befinden? Dann testen Sie zwei weitere Körperteile: Gelingt es Ihnen auch, Rücken und Hals gleichzeitig zu erfassen? Oder die Beine und den Rücken? Nehmen Sie sich immer mehr Körperteile gleichzeitig vor, bis Sie das ganze Pferd auf einmal im Blick behalten können. Jetzt können Sie schnell und sicher jede Abweichung von der von Ihnen gewünschten Körperhaltung erkennen und prompt darauf reagieren. Stimmt die Biegung nicht mehr, können Sie es mit der Longierpeitsche korrigieren, fußt es nicht ausreichend unter, können Sie das entsprechende Bein vorwärts treiben, kommt es mit der Halshaltung zu hoch, können Sie gezielt darauf einwirken, dass es sich wieder fallen lässt. Die gleiche Beobachtungsgabe brauchen Sie selbstverständlich auch, wenn Sie die korrekte Haltung Ihres Pferdes clicken wollen. Ideal wäre es, wenn Sie von Anfang an Ihr Pferd nur dann clicken, wenn alle Körperteile in einer korrekten Position sind. Würden Sie anfangs nur die Position des Halses clicken, egal was der Kopf, der Rücken oder die Beine dabei gerade machen, würden Sie auch jedes Mal ungewollt die Fehler

der anderen Körperteile mit belohnen. Ihr Pferd kann ja nicht wissen, um welches Körperteil es Ihnen gerade geht. Mit diesem Vorgehen würden Sie den Lernfortschritt Ihres Pferdes deutlich verzögern. Sie sehen also, die Zeit, die Sie investieren, um die Bewegungsabläufe des Pferdes kennenzulernen, macht sich im Training doppelt und dreifach bezahlt!

Und jetzt von oben

Gerade die Bewegung der Beine, die Sie vom Boden aus sehr gut sehen und damit auch beurteilen können, haben Sie allerdings beim Reiten nicht mehr im Blick. Deswegen ist es beim Reiten sehr wichtig, Bewegungsabläufe erfühlen zu lernen. Können Sie in jeder Gangart zu jedem Zeitpunkt sagen, welches Bein gerade in der Luft oder am Boden ist? Damit das Timing für eine Galopphilfe optimal stimmt, müssen Sie wissen, wann das entsprechende Hinterbein weiter vorfußen muss. Um im Schritt im richtigen Moment treiben zu können, müssen Sie fühlen, wann das entsprechende Hinterbein vom Boden abhebt. Wie kann Ihnen das gelingen?
Die Fußfolge im Schritt kennen Sie ja schon von Ihren Beobachtungen am Boden.
Haben Sie dabei einmal darauf geachtet, was das Becken des Pferdes tut?
Wenn nicht, schauen Sie sich noch einmal ein echtes Pferd, ein Video oder ein Foto dazu an. Das Becken und damit auch die gleiche Seite des Rückens bewegen sich beim Laufen ständig auf und ab, und zwar in Abhängigkeit davon, was der gleichseitige Hinterhuf gerade tut. In dem Moment, in dem das linke Hinterbein in der Luft ist, ist das linke Becken und damit auch die linke Seite des Rückens Ihres Pferdes an seinem tiefsten Punkt, da ihm die Unterstützung von unten fehlt und es sich dadurch absenkt. Im Sattel können Sie diese Bewegung spüren, durch die auch Ihr Hüftknochen eine Bewegung nach oben und unten beschreibt. Ist Ihr linker Hüftknochen am tiefsten Punkt seiner Auf-und-ab-Bewegung, wissen Sie nun, dass das linke Hinterbein Ihres Pferdes sich gerade in der Luft nach vorne bewegt. Erinnern Sie sich an die vier Phasen des Vorfußens? Diesen vier Phasen können Sie die vier Bewegungsrichtungen Ihres Hüftknochens zuordnen. Ist Ihre linke Hüfte an ihrem tiefsten Punkt, ist der linke Hinterhuf Ihres Pferdes in der Luft. Ist Ihre Hüfte auf dem Weg nach oben, setzt der linke Hinterhuf gerade auf dem Boden auf. Ist Ihre Hüfte an ihrem höchsten Punkt angekommen, ist der Hinterhuf am Boden und nimmt Last auf. Bewegt sich Ihre Hüfte nach unten, drückt sich der Hinterhuf gerade vom Boden ab. Und was ist mit den drei anderen Beinen? Auch hier hilft Ihnen Ihr Wissen über die Fußfolge im Schritt. Die Reihenfolge ist stets hinten links, vorne links, hinten rechts, vorne rechts. Wissen Sie also, dass

Ein Blick aus der Vogelperspektive kann interessant sein, um die Biegung des Pferdes gut zu erkennen

Ist das rechte bzw. linke Hinterbein des Pferdes in der Luft, ist der Rücken und damit auch das rechte bzw. linke Becken der Reiterin an seinen tiefsten Punkt

das linke Hinterbein gerade in der Luft ist, weil Ihre Hüfte am tiefsten Punkt ist, ergeben sich die Bewegungsphasen der anderen Beine von selbst. Das linke Vorderbein ist eine Bewegungsphase später dran, das heißt es fußt gerade ab. Das rechte Hinterbein noch eine Phase später, das heißt es ist gerade am Boden. Und das rechte Vorderbein ist drei Phasen hinter dem linken Hinterbein oder auch eine Phase vor ihm, das heißt es fußt gerade auf. Das Ganze ist also eine Art »Logikspiel«. Anfangs werden Sie noch eine Weile überlegen müssen, um herauszufinden, welches Bein gerade was tut. Mit zunehmender Übung werden diese Überlegungen wieder in den Hintergrund treten, und Sie werden einfach »wissen«, welches Bein Ihres Pferdes gerade in welcher Phase ist. Sie möchten beim Rückwärtsrichten Ihre Schenkel- und Zügelhilfen optimal koordinieren? Oder Sie möchten, dass das rechte Vorderbein Ihres Pferdes weniger weit vor schwingt? Kein Problem, Sie geben einfach Ihre Zügelhilfe in dem Moment, in dem es in der Luft ist.

Kennen und erfühlen Sie nun die vier Bewegungsphasen jedes einzelnen Beines, können Sie mit punktgenauem Timing auf den Bewegungs-

ablauf jedes Beines Einfluss nehmen. Möchten Sie, dass das innere Hinterbein weiter vorgreift, können Sie es in dem Moment aktivieren, in dem es in der Luft ist.
Möchten Sie, dass es sich stärker vom Boden abdrückt, nutzen Sie diesen Zeitpunkt für Ihre Hilfe. Möchten Sie, dass Ihr Pferd sein Hinterbein in der Luft stärker anwinkelt, werden Sie wieder einen anderen Zeitpunkt wählen.
Welche Hilfe Sie in welchem Moment einsetzen, kann von Ihrer Reitweise und Ihrem Pferd abhängig sein. In jedem Fall wird Ihr Timing genau dann perfekt sein, wenn Sie den richtigen Moment erspüren können, in dem Ihre Hilfe Ihr Pferd optimal unterstützt.
Noch wichtiger ist dieses hervorragende Timing, wenn Sie mit dem Einsatz von Sporen arbeiten möchten. Reagiert Ihr Pferd nicht in der von Ihnen gewünschten Weise auf Ihren Schenkeldruck und setzen Sie deswegen kurz danach Ihren Sporen ein, kann es sein, dass der Moment des Sporeneinsatzes nicht mehr zu der Bewegungsphase des entsprechenden Beines passend ist und damit den gewünschten Bewegungsablauf nicht unterstützt, sondern eher noch verhindert. Daher passt der bekannte Satz gut, dass man sich seine Sporen erst verdienen muss. Und zwar, indem man zeigt, dass man auch ohne Sporen mit sehr gutem Timing auf den Bewegungsablauf des Pferdes Einfluss nehmen kann. Das gleiche gilt für den Einsatz der Gerte beim Reiten wie auch bei der Arbeit vom Boden aus. Es gibt unzählige Punkte, die mit der Gerte berührt, touchiert und aktiviert werden können, um gezielt Bewegungen des Pferdes zu beeinflussen. Diese genau im richtigen Moment und mit der richtigen Stärke ansprechen zu können, braucht sehr viel Übung, hervorragendes Timing und Geschicklichkeit.

Umso komplexer die Aufgaben sind, die Sie von Ihrem Pferd fordern, desto mehr ist es auf Ihre präzise Hilfengebung angewiesen. Für einen fliegenden Wechsel bei jedem Galoppsprung müssen Sie genau den Moment kennen und erspüren, in dem Sie Ihrem Pferd die Hilfen für den Wechsel geben müssen. In einer Kombination beim Springen kommt es auf Sekundenbruchteile an, in denen Sie Zügel- oder Schenkelhilfen geben, damit Ihr Pferd den optimalen Absprungpunkt findet. Ihr Isländer wird dann am besten antölten, wenn Sie genau im richtigen Moment verwahrend oder treibend einwirken, so dass es zu seinem Bewegungsablauf passt. Ihr Westernpferd kann dann am leichtesten zuverlässig stoppen, wenn Sie erfühlen können, wann der perfekte Zeitpunkt ist, ihm die Hilfen dafür zu geben.

Übung:

Hoppe, hoppe Reiter:
Ja, im Ernst. Schnappen Sie sich eine gute Freundin, einen Kumpel oder den Partner bzw. die Partnerin und setzen Sie sich auf dessen Schoß. Ihr Helfer bewegt nun die Beine und Sie beobachten mal, was das mit Ihren Sitzbeinhöckern macht und mit Ihrer Hüfte. Geraten Sie aus der Balance, wenn die Bewegung zu heftig oder schnell wird?
Wie bei der Übung »Fühlen üben von oben« sagen Sie auch hier an, wann das Becken in der Luft ist.

Egal, für welche Art zu reiten Sie sich entschieden haben, gutes Timing ist immer wichtig!

EIN WORT ZUM SCHLUSS

Was wir vermitteln wollten – und hoffentlich auch haben – ist, dass Timing ein äußerst wichtiger Faktor ist, wenn Sie gute Erfolge im Training verzeichnen möchten. Arbeiten wir an unserem Timing, schaffen wir damit die beste Voraussetzung, dass die Zusammenarbeit mit unserem Pferd harmonisch und gewinnbringend für beide ist.
Unser Timing entscheidet darüber, was und in welcher Geschwindigkeit unsere Pferde lernen.
Welche Trainingsmethode wir dafür wählen, ist für das Tempo des Lernens zweitrangig, vorausgesetzt, wir wissen, was wir tun, und wenden sie korrekt an. Natürlich heißt das nicht, dass es egal ist, mit welcher Methode Sie Ihr Pferd trainieren. Für Ihr Pferd macht es einen großen Unterschied, ob es über Belohnung oder Strafe trainiert wird. Wir haben in diesem Buch versucht, Ihnen die entsprechenden Informationen an die Hand zu geben. Die Entscheidung liegt nun bei Ihnen.

Katja Frey, Viviane Theby und Jana Ebinger (v.l.n.r.)

Die Autorinnen

Jana Ebinger begeistert sich seit vielen Jahren für das Clickertraining mit Tieren. Sie trainiert hauptsächlich Pferde und bildet sich ständig weiter und verbessert so ihre Trainerfähigkeiten. Auf ihrem Blog www.trainingsglueck.de schreibt sie regelmäßig Artikel über Tiertraining mit positiver Verstärkung. Als Informationsdesignerin (B.A. Hochschule der Medien) ist sie Expertin darin, Informationen verständlich und zielgruppengerecht zu konzipieren und zu gestalten.

Katja Frey ist Tierärztin für Pferde und auf die Osteopathie spezialisiert. Sie hat sich außer als Pferdetrainerin auch einen Namen als Ausbilderin für Hundetrainer gemacht. Seit 2015 bietet sie die praxisorientierte Weiterbildung »Trainingsspezialist« an (www.tierarzt-frey.de). Neben Seminaren zu verschiedenen Themen für Hundetrainer und -halter hat sie auch einen Lehrauftrag an der Veterinärmedizin der Universität Gießen zum Thema »Medical Training«.

Viviane Theby hat viele Visionen, die sie mit viel Herzblut und Engagement umsetzt. Ihr Antrieb ist es, das Tiertraining mit positiver Verstärkung immer weiter zu verbessern.
Mit den TOP Trainern hat sie beispielsweise ein einzigartiges Netzwerk engagierter und gut ausgebildeter Tiertrainer geschaffen (www.toptrainer-net.de). Die Tierärztin für Verhaltenstherapie zählt zu den besten Trainerinnen Europas, die mit positiver Verstärkung arbeiten, und bildet in ihrer Tierakademie Trainer aus ganz Europa aus (www.tierakademie.de).

Unsere Erfolgsreihen
auf einen Blick ...

DIE REITSCHULE (AUSWAHL)

Urte Biallas, **Bodenarbeitskurs**, ISBN 978-3-275-02053-9
Kerstin Diacont, **Dressur für Fortgeschrittene**, ISBN 978-3-275-01749-2
Marlit Hoffmann, **Reiterrallyes – Reiterspiele**, ISBN 978-3-275-01850-5
Petra Dürr/Carola Steen, **Kaltblutpferde reiten**, ISBN 978-3-275-01939-7
Hannelore Leiser, **Voltigieren für Einsteiger**, ISBN 978-3-275-01856-7
Angelika Schmelzer, **Pferde erziehen**, ISBN 978-3-275-01709-6
Angelika Schmelzer, **Reiten im Gelände**, ISBN 978-3-275-01748-5
Sabine Schweickert, **Fahren für Einsteiger**, ISBN 978-3-275-02079-9
Viviane Theby, **So lernen Pferde**, ISBN 978-3-275-02081-2
Jutta Plötz, **Islandpferde**, ISBN 978-3-275-02052-2
Karen Uecker, **Der Reitbegleithund**, ISBN 978-3-275-01969-4
Sigrid Weppelmann, **Basispass Pferdekunde**, ISBN 978-3-275-01750-8

DIE HUNDESCHULE (AUSWAHL)

Annegret Bangert, **Begleithundprüfung**, ISBN 978-3-275-01779-9
Ann-Sophie Griebel, **Clicker-Training**, ISBN 978-3-275-01714-0
Micaela Köppel, **Spiel und Spaß für jeden Tag**, ISBN 978-3-275-01732-4
Petra Krivy/Angelika Lanzerath, **Darf der das?**, ISBN 978-3-275-01835-2
Petra Krivy/Angelika Lanzerath, **Einer geht noch ...**, ISBN 978-3-275-01863-5
Petra Krivy/Angelika Lanzerath, **Was ein Welpe lernen muss**, ISBN 978-3-275-01689-1
Petra Krivy/Angelika Lanzerath, **Hunde verstehen**, ISBN 978-3-275-01756-0
Petra Krivy/Angelika Lanzerath, **Einfach gut erzogen**, ISBN 978-3-275-02082-9
Petra Krivy/Angelika Lanzerath, **Mein Hund im Flegelalter**, ISBN 978-3-275-01810-9
Uta Reichenbach/Gabriele Lehari, **Sinnvolle Beschäftigung**, ISBN 978-3-275-01929-8
Monika Schaal/Ursula Breuer, **Gastfreundlich**, ISBN 978-3-275-01862-8
Andrea Schmidt/Gunter Mattes, **Flyball**, ISBN 978-3-275-01912-0
Beate Schwarz, **Dummy-Training**, ISBN 978-3-275-01690-7
Manuela van Schewick, **Apportieren mit Spaß**, ISBN 978-3-275-01754-6
Manuela van Schewick, **Kind trifft Hund**, ISBN 978-3-275-01979-3

HAPPY CATS (AUSWAHL)

Sylvia Born, **Katzenkinderstube**, ISBN 978-3-275-01864-2
Nina Ernst, **Zufriedene Stubentiger**, ISBN 978-3-275-01760-7
Gabriele Müller, **Miau – Katzensprache richtig deuten**, ISBN 978-3-275-01782-9
Gabriele Müller, **Katzenspiele**, ISBN 978-3-275-01811-6
Annette Thomée, **Gesunde Katze**, ISBN 978-3-275-01839-0

Jedes Buch mit 96 Seiten
ca. 80 Abb., broschiert
je € 9,95 | €(A) 10,30

Müller Rüschlikon

Die Reitschule

Die erfolgreiche **Ratgeberreihe** für alle Reiter und Pferdefans

Urte Biallas
Bodenarbeit
ISBN 978-3-275-01708-9

Monika Hannawacker
Zirkus-Lektionen
ISBN 978-3-275-01831-4

Viviane Theby
So lernen Pferde
ISBN 978-3-275-02081-2

Antonia Schwarzkopf
Motivierte Pferde
ISBN 978-3-275-02033-1

Sigrid Weppelmann/
Sandra Mensmann
Longieren
ISBN 978-3-275-01727-0

Jedes Buch mit 96 Seiten
ca. 80 Abb., broschiert
je € 9,95 | €(A) 10,30

Stand Februar 2017
Änderungen in Preis und
Lieferfähigkeit vorbehalten.

Überall, wo es Bücher gibt oder
www.mueller-rueschlikon.de
Service-Hotline: 0711-78 992 151

Müller Rüschlikon